防水工匠系列丛书

热塑性聚烯烃（TPO）防水卷材施工图解

李建军　张广辉　王雪松　著

THE INSTALLATION GRAPH OF THERMOPLASTIC POLYOLEFIN (TPO) WATERPROOFING MEMBRANE

中国建材工业出版社

图书在版编目（CIP）数据

热塑性聚烯烃（TPO）防水卷材施工图解 / 李建军，张广辉，王雪松著. -- 北京 ：中国建材工业出版社，2019.12

ISBN 978-7-5160-2748-6

Ⅰ. ①热… Ⅱ. ①李… ②张… ③王… Ⅲ. ①热塑性－聚烯烃－防水卷材－工程施工－图解 Ⅳ. ①TU57-64

中国版本图书馆CIP数据核字（2019）第260944号

内 容 提 要

全书由6个部分组成，包括热塑性聚烯烃（TPO）防水卷材施工工法中的主辅材及工器具、新建项目施工工法、维修项目施工工法详解、细部节点处理详解、常见质量问题及处理方式、经典案例。本书可供防水施工技术人员及防水施工工人作为工具书使用。

热塑性聚烯烃（TPO）防水卷材施工图解

Resuxing Juxiting（TPO）Fangshui Juancai Shigong Tujie

李建军　张广辉　王雪松　著

出版发行：中国建材工业出版社

地　　址：北京市海淀区三里河路1号

邮　　编：100044

经　　销：全国各地新华书店

印　　刷：北京天恒嘉业印刷有限公司

开　　本：850mm×1168mm　1/32

印　　张：3.875

字　　数：100千字

版　　次：2019年12月第1版

印　　次：2019年12月第1次

定　　价：58.00元

本社网址：www.jccbs.com，微信公众号：zgjcgycbs

主　编

李建军　张广辉　王雪松

编　委

尚华胜　周　园　付晴晴　段　炼　王　琮

刘志维　徐燕峰　易　帅　付羊羊　翁霆峰

编写单位

北京东方雨虹防水技术股份有限公司

北京市顺义区东方雨虹职业技能培训学校

序

工匠精神应服务于大众

建筑防水是一个对结果负完全责任的行业。

对于建筑防水相关从业者而言，参建一项防水工程，不仅仅是对滴水不漏的承诺，也是对自身事业价值的承担，对行业使命的承担，对社会责任的承担。所谓“心事浩渺连广宇”，一砖一瓦之间，俱与民生有关。

整个防水产业链非常长，每个环节出问题都会产生渗漏。从研究到制造、安装，每一个环节，无不需要专业操守、匠心匠道。尤其是防水施工，一铺一贴之间，标准化和规范化的遵循乃基本要求，而将“精、深、专”融合到极致的工作精神迄今仍然是行业所稀缺的 。正常的行业，做事的人、动手的人才是社会的主体。让正常回归，让价值回归，我们的行业、我们的公司，一定会让“工匠”成为主角。

建筑防水行业提及工匠精神，是国人对建筑质量要求提升的内在诉求。这个诉求所面临的挑战是，在这个快节奏的时代，专业知识的普及速度跟不上，以专立身并为之坚持的态度不够坚决，培养具有全球竞争力的产业技术工人的速度相对迟缓。日本有寿司之神、有专注做米饭之神、有炸天妇罗之神、有种苹果之神，这些耳熟能详的事例都在说明一个道理：将一份工作做到极致也能赢得普遍的社会尊重。丰田公司更是将工匠精神极致地融入生产经营管理之中，并获得巨大的商业成功。“百忍千锻事遂全”

是丰田喜一郎先生老家大厅悬挂的条幅，意为坚韧不拔，千锤百炼成就事业。日本明治维新之后，在东方缔造了一个西方式的国家，当我们在警觉西方价值文化冲击时，大可学习探索那些助益我们发展的可敬、可贵之处。

事实上，工匠精神也是中国人从古至今、绵延百代孜孜以求的。“既琢之而复磨之，治之已精，而益求其精也”，讲的是精雕细琢、做事精微，但过去效率有限，好的技艺所锻造的产品和服务只能惠及一部分人。今天我们所弘扬的工匠精神，应具备服务于大众，向所有用户提供无差别的高品质产品和服务的内涵与外延。基于此，向全行业普及建筑防水严谨、科学的技术知识、工艺章程显得尤为必要。

东方雨虹是国内最早、最成熟掌握 TPO 高分子防水卷材生产和施工技术的企业之一。这本《热塑性聚烯烃 (TPO) 防水卷材施工图解》为 10 年来大量优质工程案例的经验总结，愿与各位同仁分享，以期促进行业质量提升，让好建筑不漏水。

东方雨虹集团董事长　李卫国

2019 年 11 月

前言

热塑性聚烯烃（TPO）防水卷材的应用始于 20 世纪 80 年代末、90 年代初，基于其优良的可焊接性能和超长的使用寿命，在欧美发达国家得到快速的发展。采用 TPO 防水卷材的单层屋面系统同时又是典型的节能型冷屋面，因而备受推崇。经过近 30 年的发展，TPO 防水卷材超越改性沥青、聚氯乙烯（PVC）、三元乙丙橡胶（EPDM）等防水卷材，成为北美地区应用量最大的屋面卷材。

自 2010 年东方雨虹在湖南岳阳建造国内第一条 TPO 防水卷材生产线以来，TPO 防水卷材在国内发展更为迅猛，国内 TPO 防水卷材发货量年复合增长率达 40% 以上，TPO 防水卷材的快速发展同时带来了一系列问题：TPO 防水卷材及其配套材料的品质良莠不齐，工程设计、施工等技术人员对单层屋面系统知识了解有限，尤其是国内严重缺乏从事 TPO 防水卷材施工的工人，且很大比例的施工工人不够专业，导致部分屋面出现风揭、渗漏等严重后果。

为指导和规范 TPO 防水卷材的施工工艺，提升 TPO 防水系统的施工质量，在雨虹学院的倡导和组织下，特编制此手册，希望对广大防水施工技术人员、施工工人有所帮助。

由于时间仓促及编者技术水平所限，书中难免有不足之处，欢迎广大读者批评指正！

李建军

2019 年 11 月

目录

1.1 施工材料

1.1.1 主材

1. TPO 防水卷材

热塑性聚烯烃（TPO）防水卷材是以乙烯及高级 α 烯烃的共聚物作为主要树脂，辅以阻燃剂、光屏蔽剂、抗氧剂、稳定剂、增强织物等经共挤压合而成。

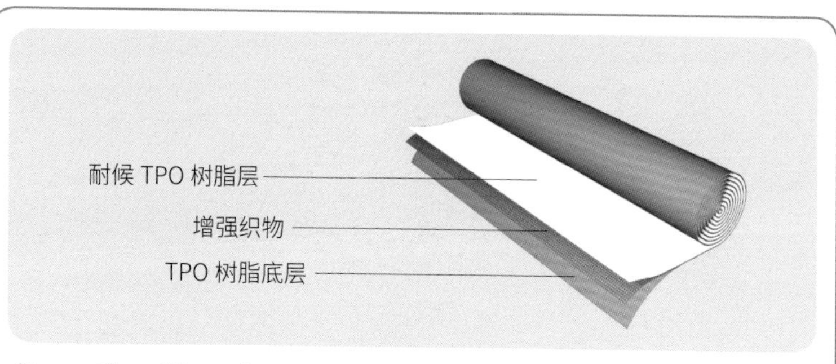

名　　称：增强型 TPO 防水卷材

代　　号：P

材料简介：卷材上下表面为 TPO 树脂层，中间以聚酯纤维网格织物作为胎体增强材料。

适用工法：机械固定、空铺

应用范围：用于钢结构屋面、混凝土屋面、种植屋面。

钢结构屋面

混凝土屋面

耐候 TPO 树脂层

无纺布

名　　称：背衬型 TPO 防水卷材

代　　号：L

材料简介：卷材为均质型 TPO 片材背面热复合聚酯无纺布。

适用工法：粘接

应用范围：用于混凝土屋面、金属屋面、种植屋面。

混凝土屋面满粘

金属屋面维修满粘

名　　称：均质型 TPO 防水卷材

代　　号：H

材料简介：卷材全部由 TPO 树脂制成。

应用范围：用于细部节点处理、种植屋面。

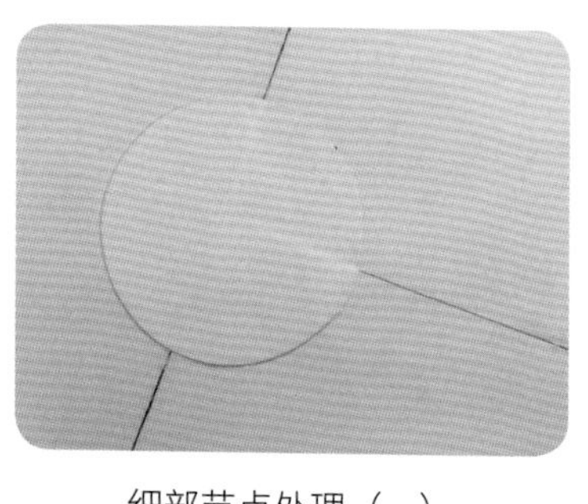

细部节点处理（一）

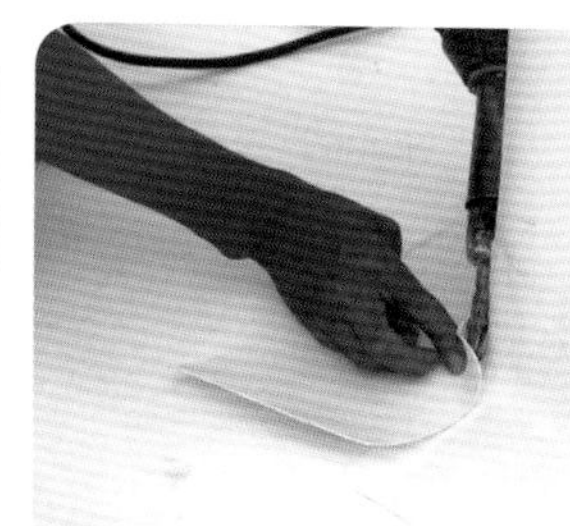

细部节点处理（二）

2. 保温板

保温层是减少屋面热交换作用的构造层。TPO 防水卷材屋面常用的保温材料主要有岩棉、聚苯板等。

名　　称：岩棉保温板

材料简介：以天然岩石为主要原料，经高温熔融、纤维化、砧板成型及制品后加工而成的无机隔热保温材料。

应用范围：用于屋面保温层。

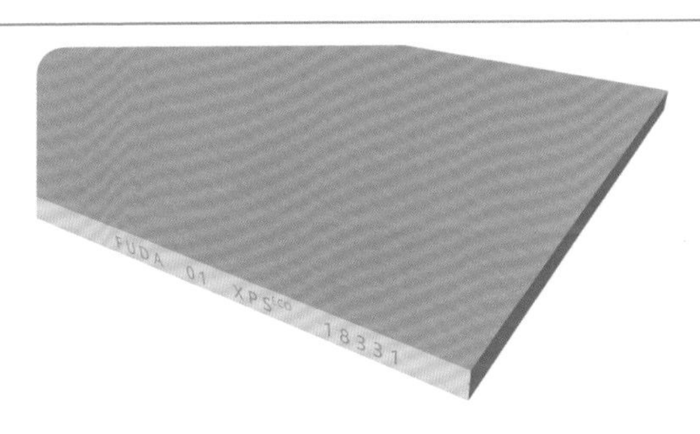

名　　称：XPS 挤塑聚苯板

材料简介：以聚苯乙烯为主要原材料，采用高温混炼挤压成型方法制造的轻质保温板材。

应用范围：用于屋面保温层。

名　　称：EPS 模塑聚苯板

材料简介：以含有挥发性液体发泡剂的可发性聚苯乙烯珠粒为原材料，经加热发泡后在模具中加热成型的保温板材。

应用范围：用于屋面保温层。

名　　称：石墨改性模塑聚苯板

材料简介：以石墨改性聚苯乙烯为原材料，经加热发泡后在模具中加热制造成型的保温板材。

应用范围：用于屋面保温层。

3. 隔汽层

隔汽层是阻滞水蒸气进入保温隔热材料的构造层。TPO 防水卷材屋面常用的隔汽层主要有聚乙烯（PE）膜、复合聚丙烯隔汽膜、纺粘聚乙烯膜、改性沥青隔汽膜等。

名　　称：聚乙烯 (PE) 膜
材料简介：以聚乙烯树脂为原材料生产的薄膜。
应用范围：用于钢结构屋面、混凝土屋面的隔汽层。

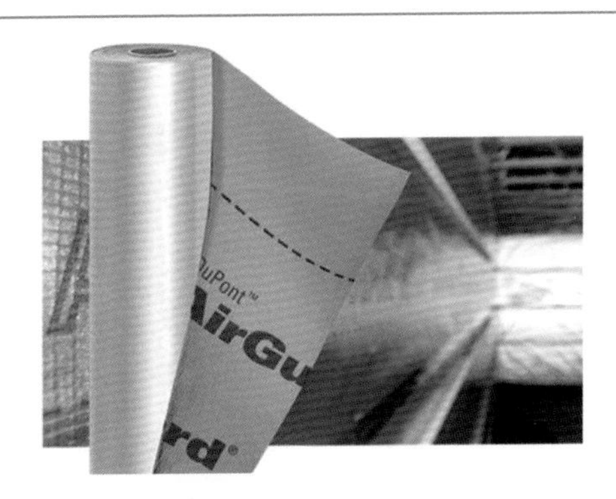

名　　称：复合聚丙烯隔汽膜
材料简介：由长丝热粘聚丙烯复合高密度聚乙烯涂层制成的膜材料。
应用范围：用于钢结构屋面、混凝土屋面的隔汽层。

4. 防火覆盖层

防火覆盖层是设置于难燃或可燃保温层之上的不燃材料防火层。TPO 防水卷材屋面常用的防火覆盖层有水泥纤维板、硅酸钙板、石膏板等。

名　　称：水泥纤维板

材料简介：以水泥为胶凝材料，有机合成纤维、无机矿物纤维或纤维素纤维等为增强材料，经成型、加压（或非加压）、蒸压（或非蒸压）养护制成的板材。

应用范围：用于屋面防火覆盖层。

名　　称：硅酸钙板

材料简介：以硅质、钙质材料为主要胶结材料，无机矿物纤维或纤维素纤维等为增强材料，经成型、加压（或非加压）、蒸压养护制成的板材。

应用范围：用于屋面防火覆盖层。

名　　称：石膏板

材料简介：以建筑石膏为主要原料制成的一种板材。

应用范围：用于屋面防火覆盖层。

1.1.2 辅材

为完善 TPO 防水系统所需的辅助材料，如机械固定件、胶粘剂、预制件等材料。

1. 螺钉

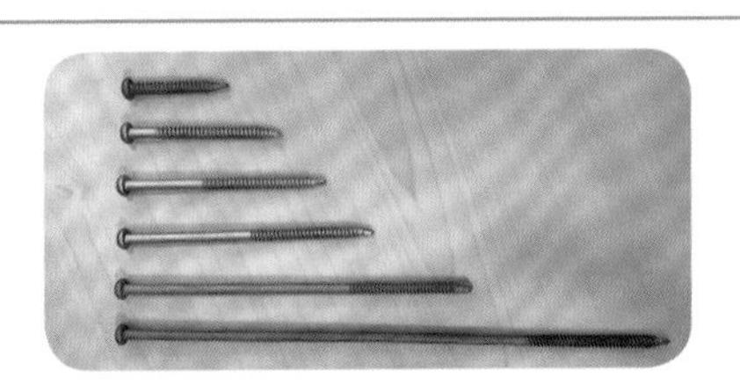

名　　称：螺钉

注意事项：在高温高湿及腐蚀性环境下，施工中不宜采用普通碳钢螺钉，应采用不锈钢螺钉，且在贮存和使用过程中避免雨淋。

应用范围：可将 TPO 防水卷材及屋面其他构造层次固定于金属板、混凝土等基层上。

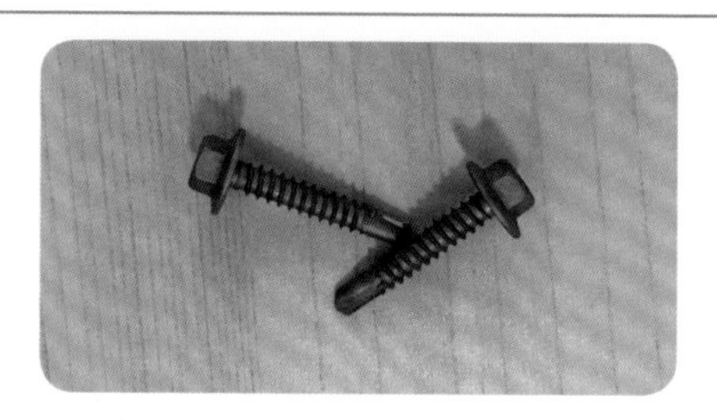

名　　称：收口螺钉

注意事项：在高温高湿及腐蚀性环境下，施工中不宜采用普通碳钢螺钉，应采用不锈钢螺钉，且在贮存和使用过程中避免雨淋。

应用范围：用于钢结构屋面卷材收口。

2. 套筒

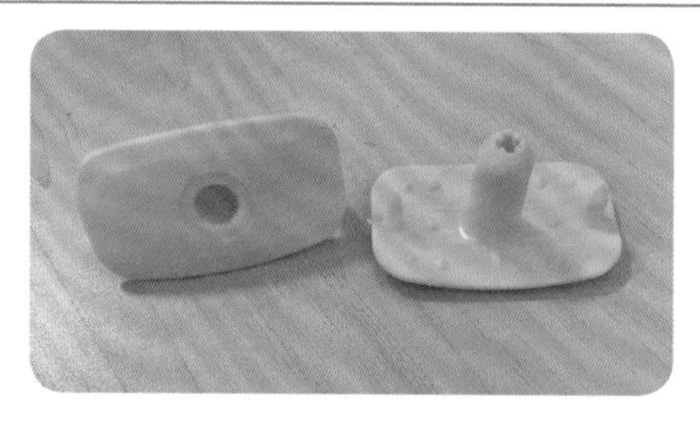

名　　称：卷材套筒

注意事项：在贮存和施工过程中不宜长期暴晒。

应用范围：在软质保温层上固定 TPO 防水卷材，如岩棉。

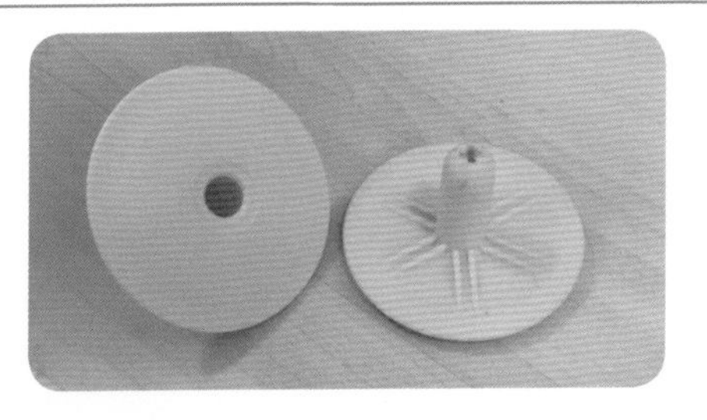

名　　称：保温套筒

注意事项：在贮存和施工过程中不宜长期暴晒。

应用范围：用于固定软质保温层，如岩棉。

3. 垫片

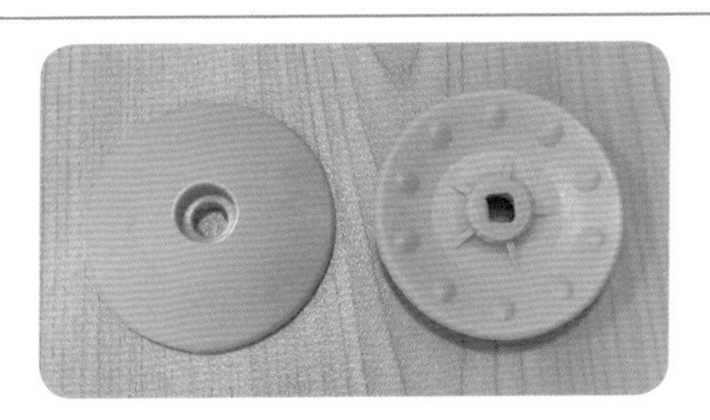

名　　称：尼龙垫片

注意事项：在贮存和施工过程中不宜长期暴晒。

应用范围：用于固定防火覆盖层。

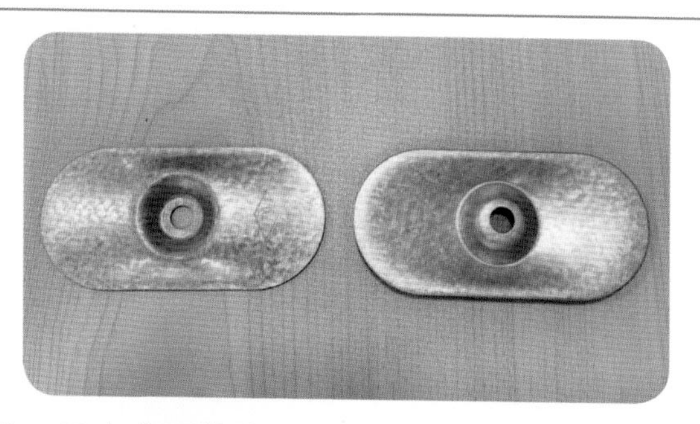

名　　称：元宝金属垫片

注意事项：在贮存和使用过程中避免雨淋。

应用范围：用于在硬质材料表面固定 TPO 防水卷材，如混凝土屋面、防火板表面。

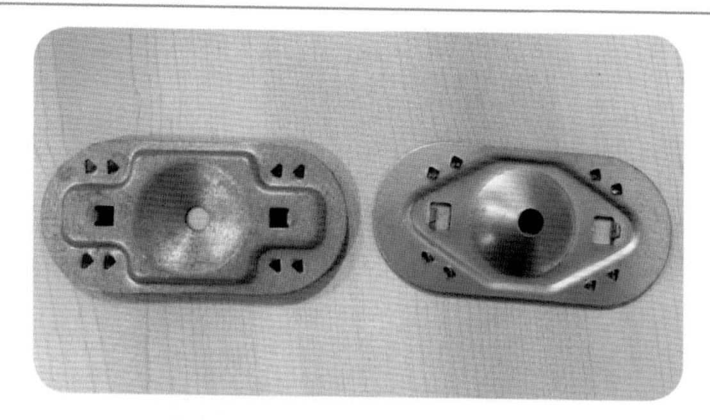

名　　称：八爪金属垫片

注意事项：在贮存和使用过程中避免雨淋。

应用范围：用于在抗压强度较高的硬质保温材料表面固定 TPO 防水卷材，如挤塑板。

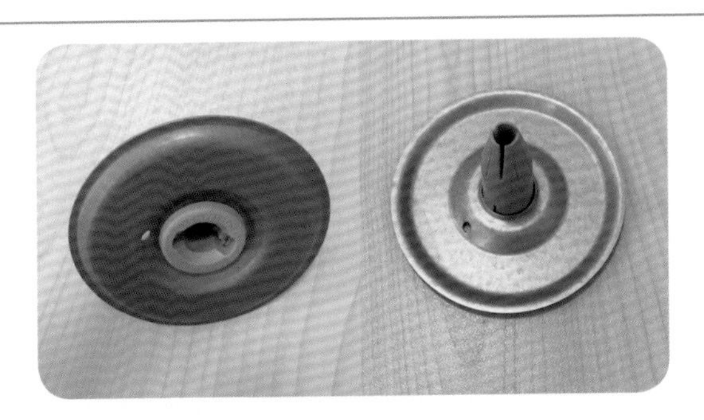

名　　称：带套筒的无穿孔垫片

注意事项：在贮存和使用过程中避免雨淋。

应用范围：在岩棉等软质保温层上使用无穿孔工艺时采用的紧固件。

名　　称：不带套筒的无穿孔垫片

注意事项：在贮存和使用过程中避免雨淋。

应用范围：在硬质材料表面使用无穿孔工艺时采用的紧固件，如防火板表面、平钢板表面。

4. 胶粘剂

名　　称：TPO 专用胶粘剂

注意事项：产品易燃、易挥发，使用时注意防火、通风，同时应注意胶粘剂与基层的相容性，建议使用环境温度不宜低于 10℃，在阴凉、干燥、通风处贮存。

应用范围：用于将 TPO 防水卷材粘接于混凝土、砂浆、金属板等基层上。

5. 压条

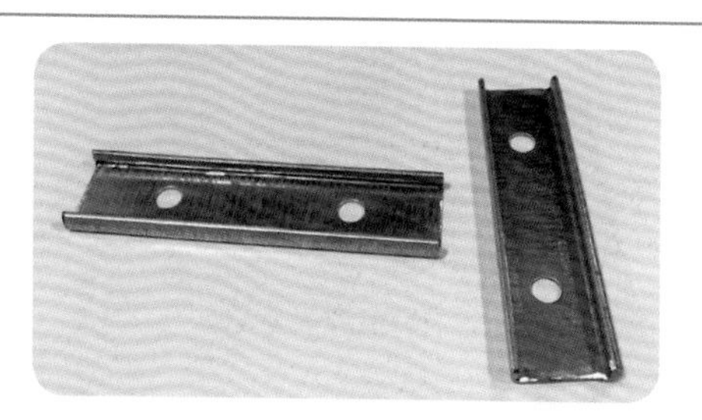

名　　称：U 形压条

注意事项：在贮存和使用过程中避免雨淋。

应用范围：用于屋面周边卷材或凸出部位周边卷材的加强固定。

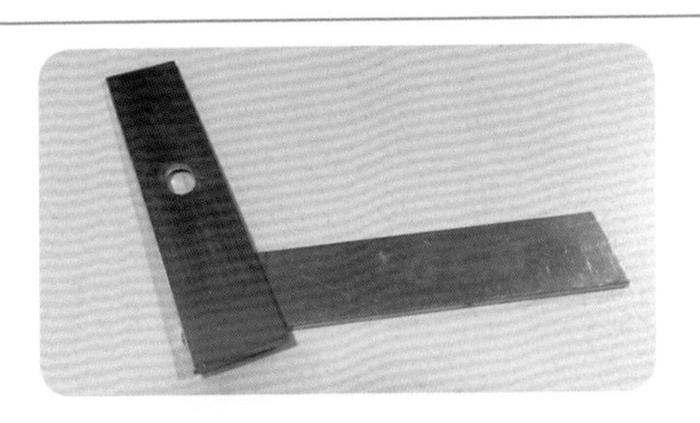

名　　称：平板收口压条

注意事项：在贮存和使用过程中避免雨淋。

应用范围：用于女儿墙、山墙等部位卷材的隐蔽收口。

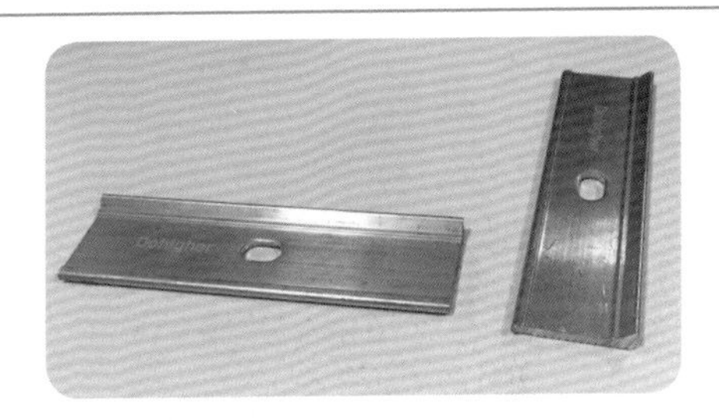

名　　称：外露收口压条

注意事项：在贮存和使用过程中避免雨淋。

应用范围：用于女儿墙、山墙等部位卷材的外露收口。

6. 密封胶

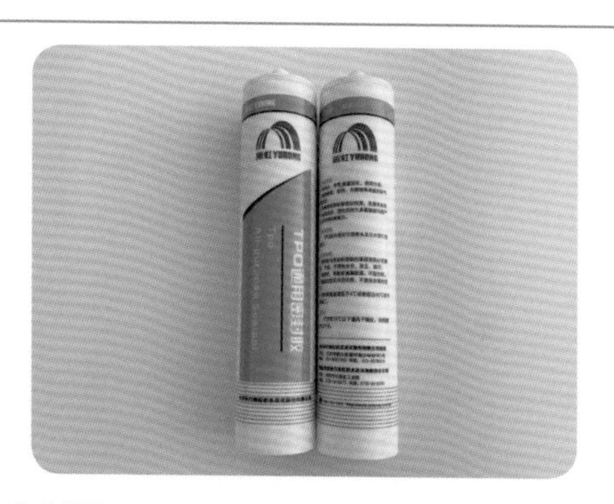

名　　称：密封胶

注意事项：在阴凉、干燥、通风处贮存。

应用范围：用于卷材节点收口密封。

7. 预制件

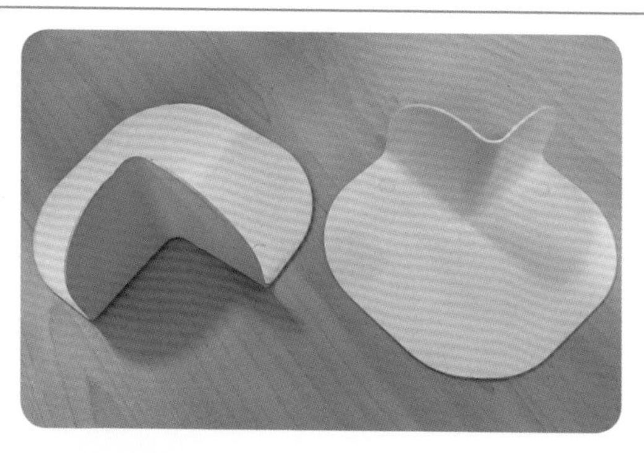

名　　称：阳角预制件

注意事项：使用前应进行试焊，确保其与大面卷材焊接良好后方能使用。

应用范围：用于阳角节点部位。

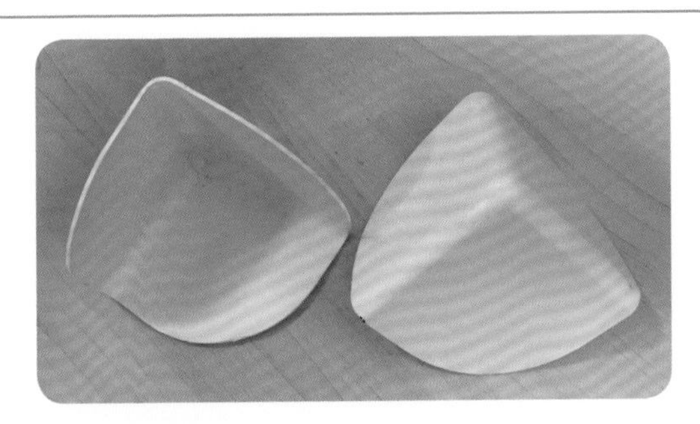

名　　称：阴角预制件

注意事项：使用前应进行试焊，确保其与大面卷材焊接良好后方能使用。

应用范围：用于阴角节点部位。

名　　称：TPO 走道板

注意事项：使用前应进行试焊，确保其与大面卷材焊接良好后方能使用。

应用范围：用于在 TPO 屋面上设置检修或人行通道。

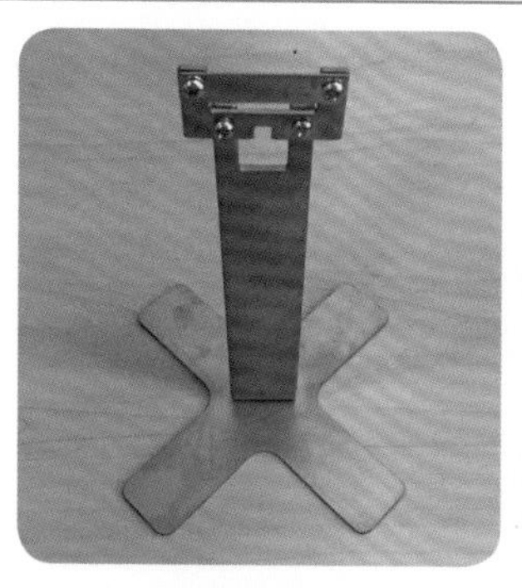

名　　称：避雷支架

注意事项：在施工过程中避免破坏 TPO 防水卷材。

应用范围：在已施工完毕的 TPO 防水卷材屋面上，用作避雷网的支架。

名　　称：管根预制件

注意事项：使用时应注意预制件与屋面管道的尺寸适配。

应用范围：用于出屋面管道的管根。

名　　称：光伏支架预制件

注意事项：需根据设计院出具的光伏设计图纸进行开洞和安装。

应用范围：在已施工完毕的 TPO 防水卷材屋面上，用于固定光伏面板支架。

名　　称：重力落水口预制件

注意事项：应根据落水口管径选择相应产品。

应用范围：用于 TPO 屋面的重力落水口中。

名　　称：虹吸落水口预制件
注意事项：应根据落水口管径选择相应产品。
应用范围：用于 TPO 屋面的虹吸落水口中。

8. 其他辅材

名　　称：焊绳
注意事项：使用前应进行试焊。
应用范围：用于屋面周边或凸出部位周边卷材的加强固定，配合 U 形压条使用。

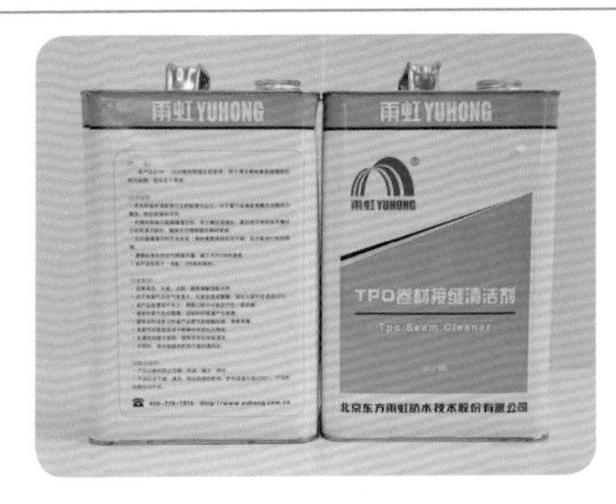

名　　称：卷材清洗剂

注意事项：产品易燃、易挥发，使用时注意防火、通风，不要与皮肤直接接触，皮肤不慎接触后应及时用清水冲洗，在阴凉、干燥、通风处贮存。

应用范围：用于 TPO 防水卷材的表面清洁。

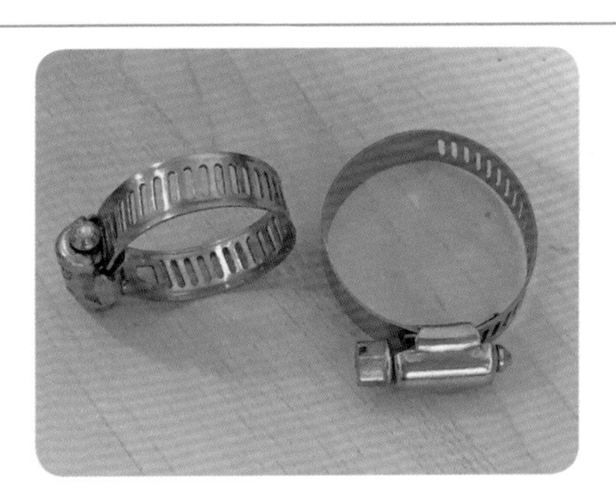

名　　称：不锈钢金属管箍

注意事项：用于 TPO 收口时，需配合密封胶使用。

应用范围：用于管道等部位卷材收口。

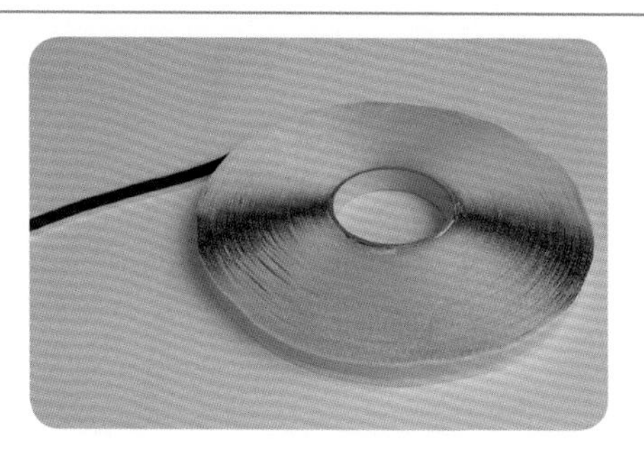

名　　称：丁基胶带

注意事项：在阴凉、干燥、通风处贮存。

应用范围：用于隔汽膜搭接边与细部节点密封处理。

1.2 施工机械、工具

名　　称：自动热空气焊机

注意事项：（1）所设定的设备额定电压务必要与电源电压保持一致。（2）在施工现场使用设备时，为确保人员安全，必须使用故障电流开关。（3）设备运行时必须进行监控。（4）注意设备防潮防湿。

应用范围：用于 TPO 防水卷材大面焊接。

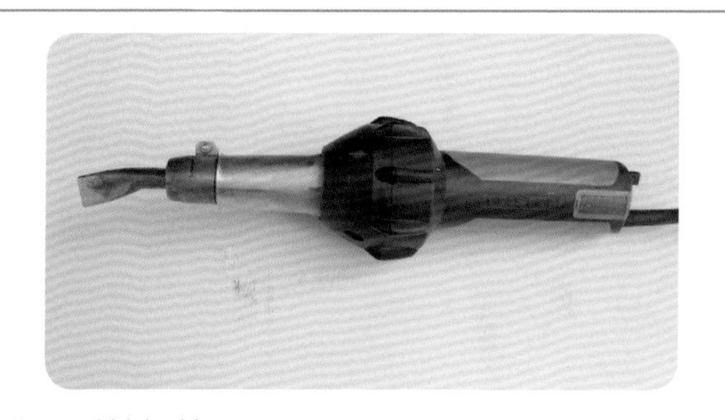

名　　称：手持焊枪

注意事项：（1）所设定的设备额定电压务必要与电源电压保持一致。（2）在施工现场使用设备时，为确保人员安全，必须使用故障电流开关。（3）设备运行时必须进行监控。（4）注意设备防潮防湿。

应用范围：用于 TPO 防水卷材立面、斜面、细部节点焊接。

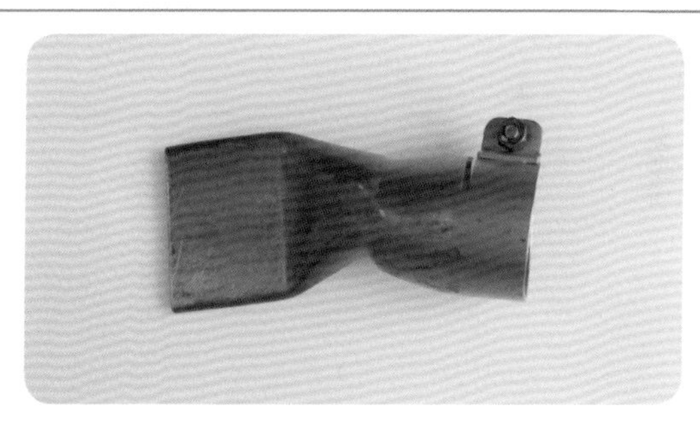

名　　称：40mm 宽焊嘴

应用范围：配合手持焊枪使用，用于 TPO 防水卷材长短边焊接。

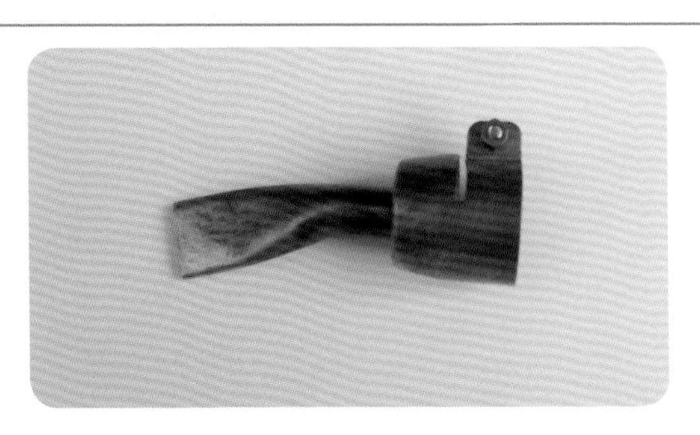

名　　称：20mm 宽焊嘴

应用范围：配合手持焊枪使用，用于细部节点 TPO 防水卷材焊接。

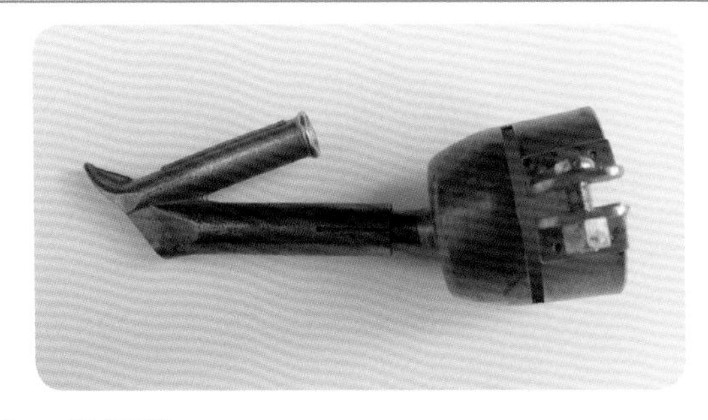

名　　称：焊绳嘴

应用范围：配合手持焊枪使用，用于 TPO 荷载分散绳焊接。

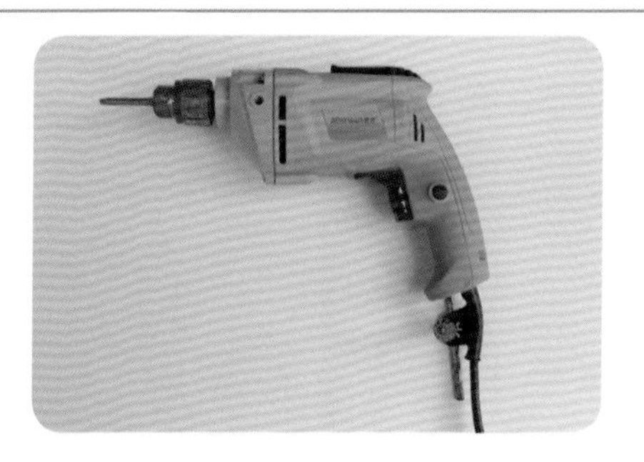

名　　称：电动螺丝刀

注意事项：（1）所设定的设备额定电压务必要与电源电压保持一致。（2）在施工现场使用设备时，为确保人员安全，必须使用故障电流开关。（3）设备运行时必须进行监控。（4）注意设备防潮防湿。

应用范围：用于紧固螺钉。

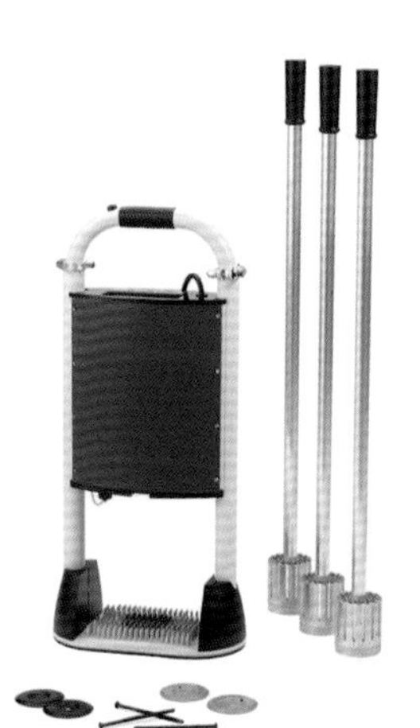

名　　称：无穿孔焊机

注意事项：（1）如果使用者或附近的人佩戴心脏起搏器、外科移植物、假肢或其他医疗设备，请不要使用此工具。（2）不要在铺有或者内嵌金属物体的地板上面激活工具。（3）不要拉拽导线拖动工具。（4）在检查或清洁工具前断开电线，否则可能触电。（5）在使用工具的过程中，不要让含有金属的物体 (如钥匙、珠宝、手表等) 接近工具底部 7.5cm 以内。

应用范围：用于无穿孔施工工艺 TPO 防水卷材与无穿孔垫片焊接。

名　　称：拉拔仪

应用范围：用于测试紧固件与基层间的拉拔力。

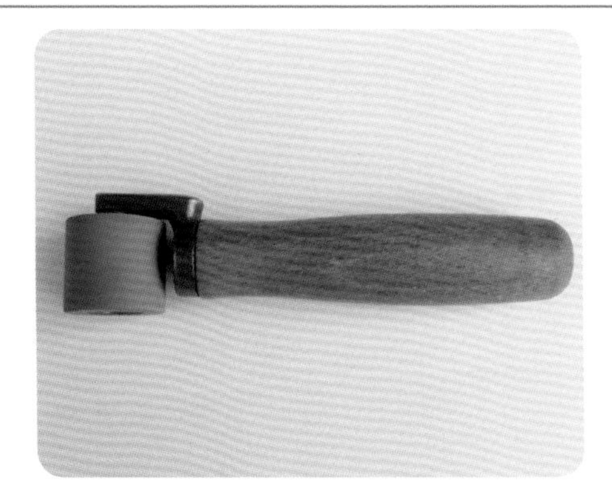

名　　称：20mm 宽压辊

应用范围：用于细部节点 TPO 防水卷材焊接压实。

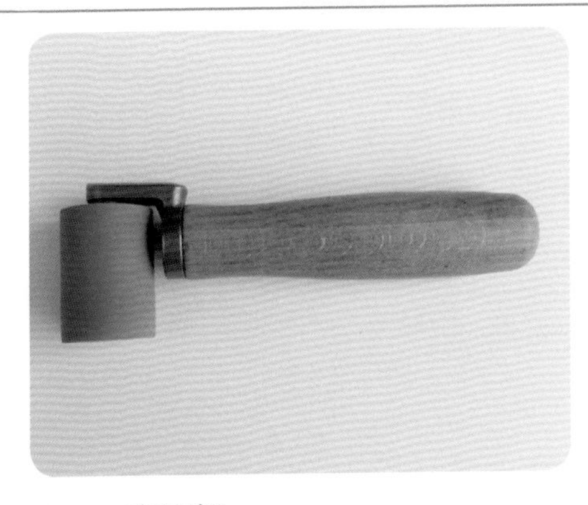

名　　称：40mm 宽压辊

应用范围：用于 TPO 防水卷材长短边搭接焊接压实。

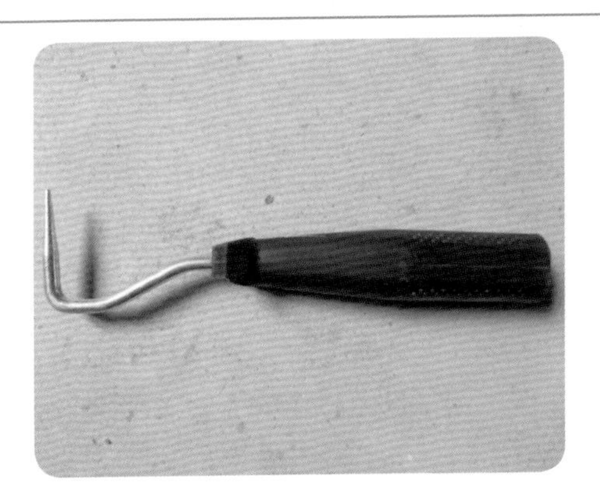

名　　称：钩针

应用范围：用于检查卷材焊缝质量。

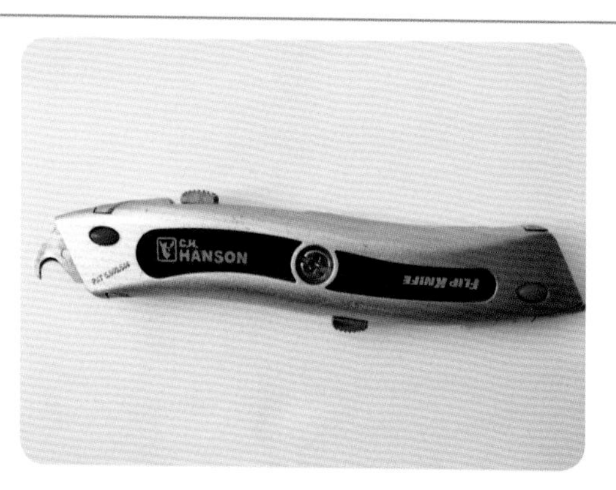

名　　称：卷材裁剪刀

应用范围：用于切割卷材。

名　　称：剪刀

应用范围：用于裁剪卷材。

名　　称：墨斗

应用范围：用于卷材、紧固件定位弹线。

名　　称：卷尺

应用范围：用于测量。

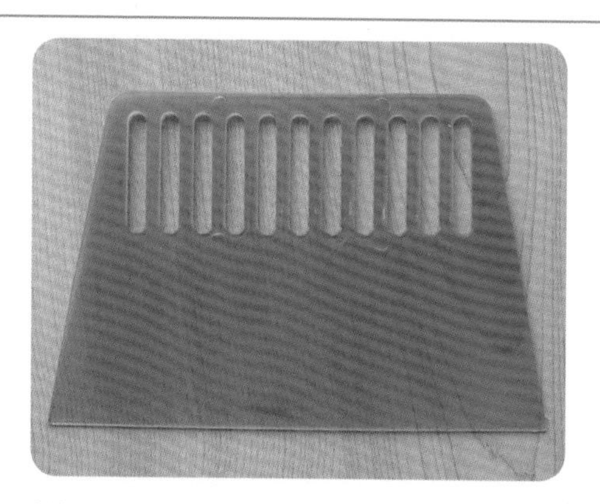

名　　称：刮板

应用范围：用于刮涂卷材胶粘剂。

名　　称：刮刀

应用范围：用于多层卷材叠加处将卷材削成缓坡。

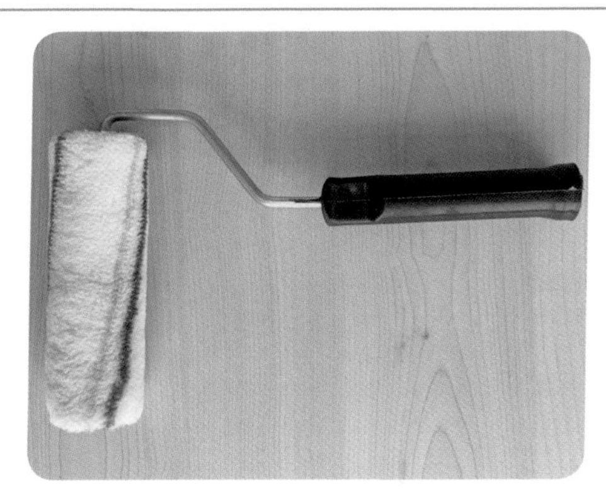

名　　称：滚筒刷

应用范围：用于涂刷卷材胶粘剂。

2.1 机械固定工法

2.1.1 构造做法

1. 常规机械固定单层屋面系统做法一

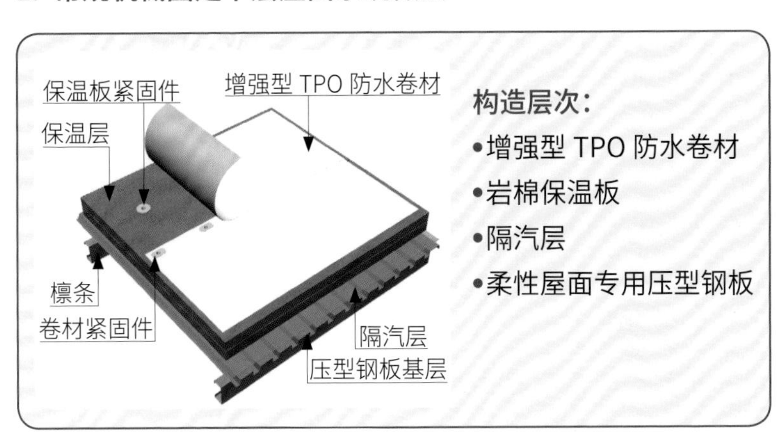

2. 常规机械固定单层屋面系统做法二

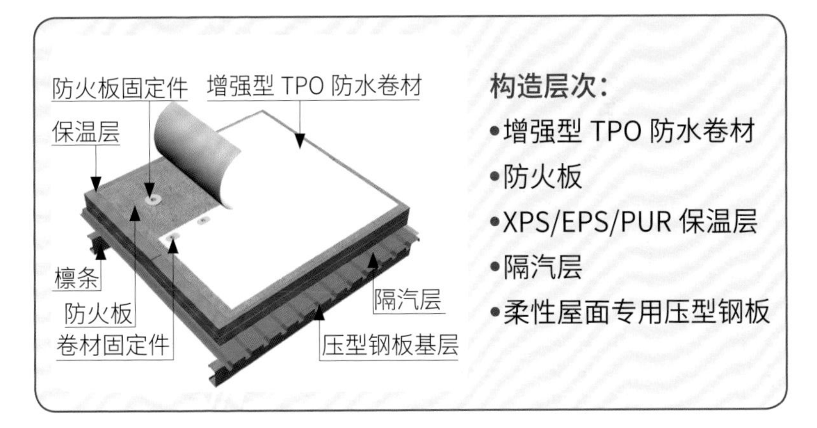

3. 混凝土基层机械固定单层屋面系统

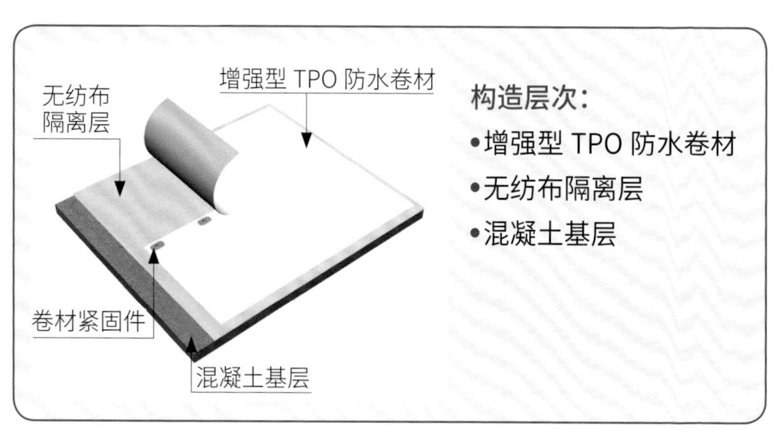

4. 无穿孔机械固定单层屋面系统

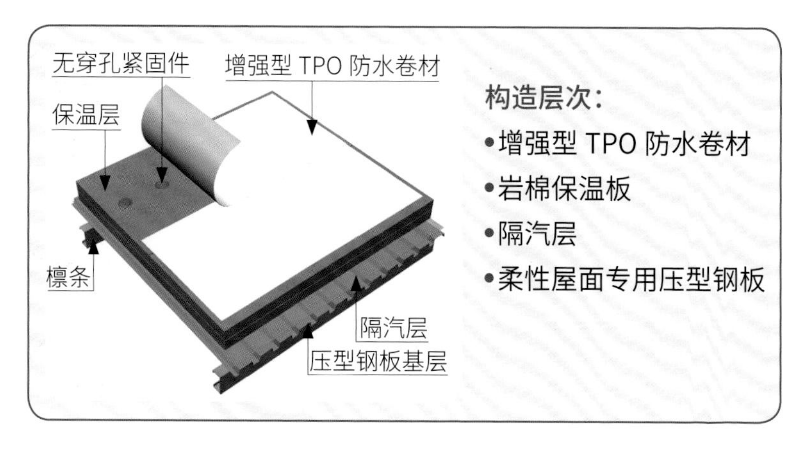

2.1.2 材料要求

1. 基层

（1）压型钢板

压型钢板的基板厚度不宜小于 0.75mm，基板最小厚度不应小于 0.63mm。当基板厚度在 0.63 ～ 0.75mm 时，应通过固定螺钉拉拔试验，钢板屈服强度不应小于 235MPa。压型钢板波峰面宽不宜小于 25mm，波谷开口不宜大于 150mm。

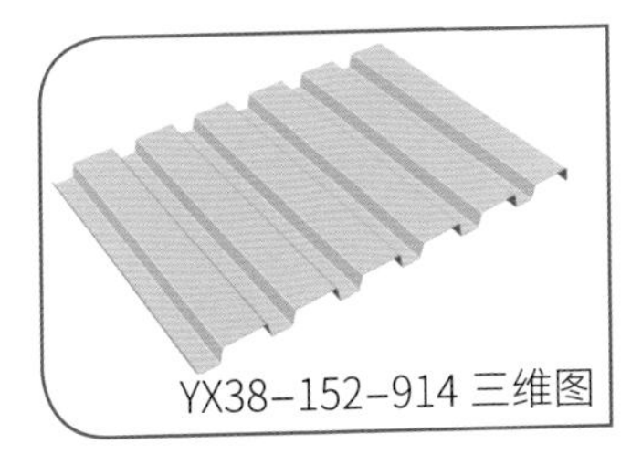
YX38–152–914 三维图

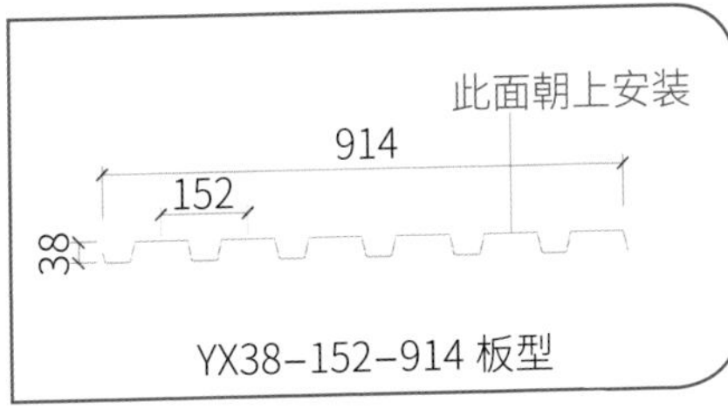

YX38–152–914 板型

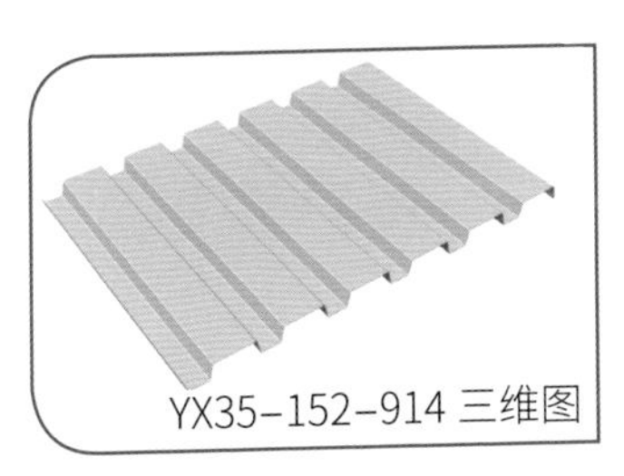
YX35–152–914 三维图

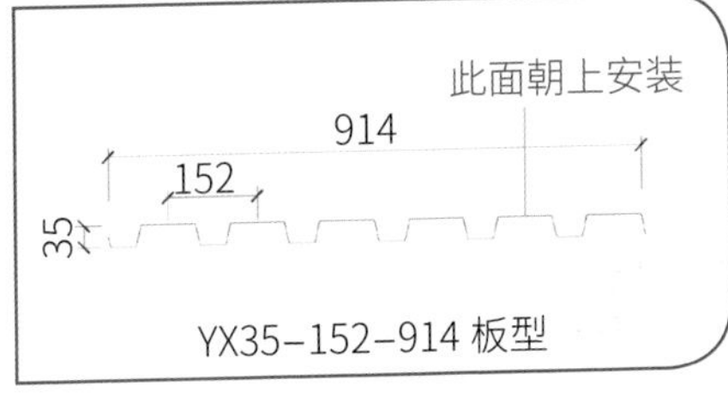

YX35–152–914 板型

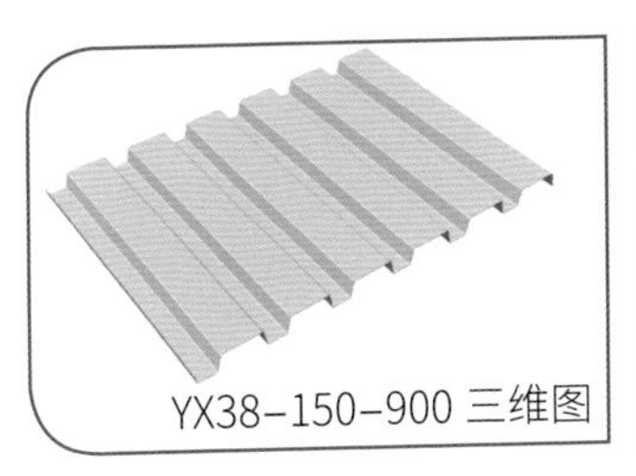
YX38–150–900 三维图

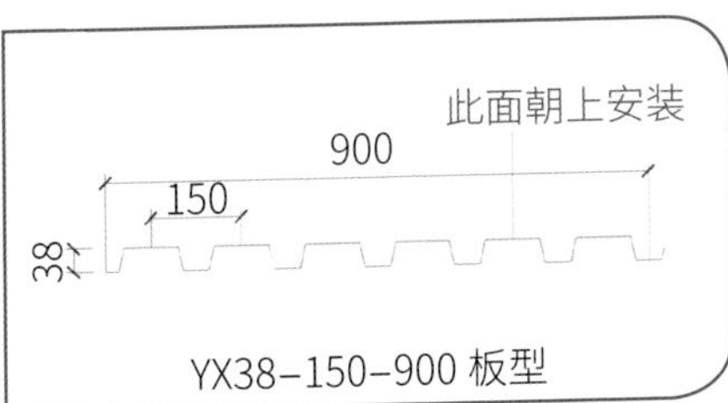

YX38–150–900 板型

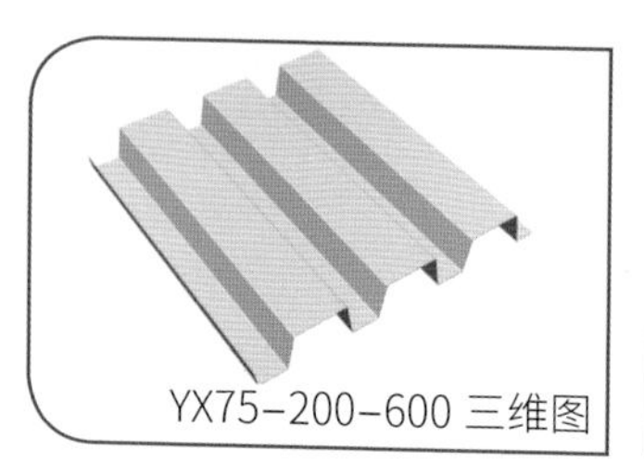
YX75-200-600 三维图

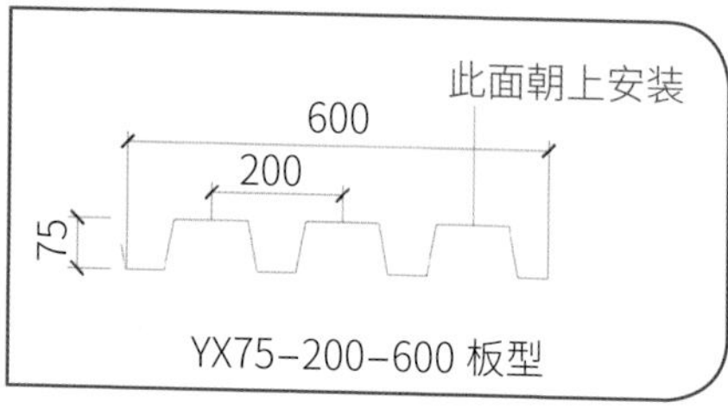

YX75-200-600 板型

（2）混凝土基层

钢筋混凝土基层厚度不应小于 40mm，强度等级不应小于 C20，并应通过固定螺钉拉拔试验。

2. 保温层

（1）岩棉

① 应该满足《建筑用岩棉绝热制品》GB/T 19686 的要求。

② 制品的质量吸湿率应不大于 1.0%，憎水率应不小于 98%，吸水率应不大于 10%。

③ 在 60kPa 的压缩强度下，压缩比不得大于 10%；在 500N 的点荷载作用下，变形量不得大于 5mm。

④ 岩棉板的厚度应由设计人员根据建筑设计计算确定。

（2）挤塑聚苯板（XPS）保温板

① 阻燃等级应达到 B1 级，抗压强度≥ 150kPa。

② 应符合《绝热用挤塑聚苯乙烯泡沫塑料 (XPS)》GB/T 10801.2 的要求。

③ 保温板的厚度应由设计人员根据建筑设计计算确定。

（3）模塑聚苯板（EPS）保温板

① 抗压强度≥ 100kPa。

②应符合《绝热用模塑聚苯乙烯泡沫塑料 (EPS)》GB/T 10801.1 的要求。

③ 保温板的厚度应由设计人员根据建筑设计计算确定。

（4）硬质聚氨酯泡沫塑料（PUR）保温板

① 抗压强度≥ 120kPa。

② 应符合《建筑绝热用硬质聚氨酯泡沫塑料》GB/T 21558 的要求。

③ 保温板的厚度应由设计人员根据建筑设计计算确定。

3. 防火隔离层

采用耐火石膏板、水泥纤维板等作为防火隔离层时，厚度不应小于 10mm，且防火板酸碱度值应介于 5 ～ 9 之间。

4. 隔汽层

① 隔汽材料的水蒸气透过量不应大于 10g/(m^2·24h)。

② 当采用聚乙烯膜时，厚度不应小于 0.3mm，钉杆撕裂强度应不小于 160N，采用其他隔汽材料时钉杆撕裂强度也不应小于 160N。

5. 隔离层

应采用≥ 120g/m^2 无纺布作为隔离层。

2.1.3 施工流程

1. 施工准备工作

❶ 屋面洞口安全网

屋面四周安全网

❶ 施工前，封闭屋面所有洞口，周边做好安全防护。

❷

❷ 吊装区域提前拉警戒线，摆放警示标志牌。

❸ 码放材料

❸ 材料在屋面码放整齐，卷材、保温材料应分散码放，避免屋面荷载集中。

❹ 工人须戴安全帽，穿反光马甲、劳保鞋进场作业。

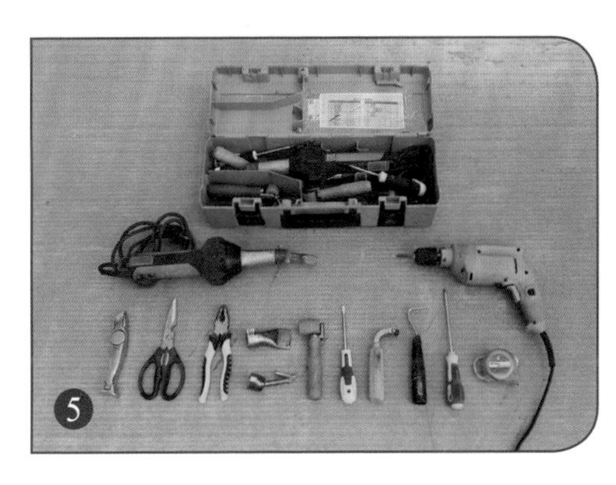

❺ 准备好施工所用的材料和机具。

❻ 清理基层上的碎屑和异物。

2. 铺设隔汽层

❶ 隔汽层需搭接100mm，搭接边使用双面丁基胶带粘接。

❷ 管根等节点处用丁基胶带粘接密封。

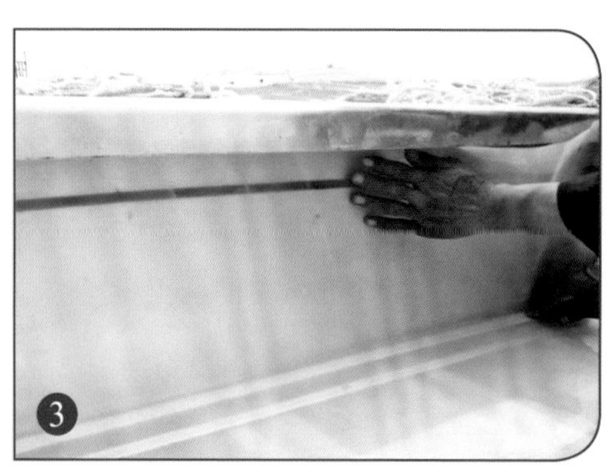

❸ 在天窗处铺设的隔汽膜应上翻至顶部，并用丁基胶带固定。

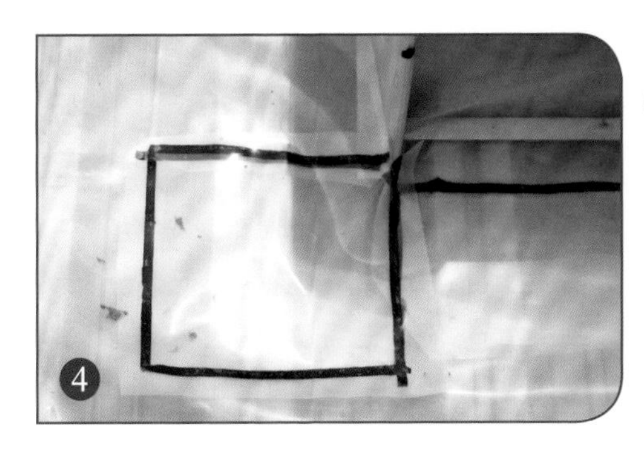

4 隔汽膜节点处用丁基胶带进行密封处理。

3. 铺设保温层

1 应从屋面天沟开始向屋脊方向铺设保温板。

2 当采用双层保温板时，上下两层保温板应错缝铺设。

（1）采用常规机械固定方法

❶ 用墨斗在岩棉板上弹出固定套筒的基准线。

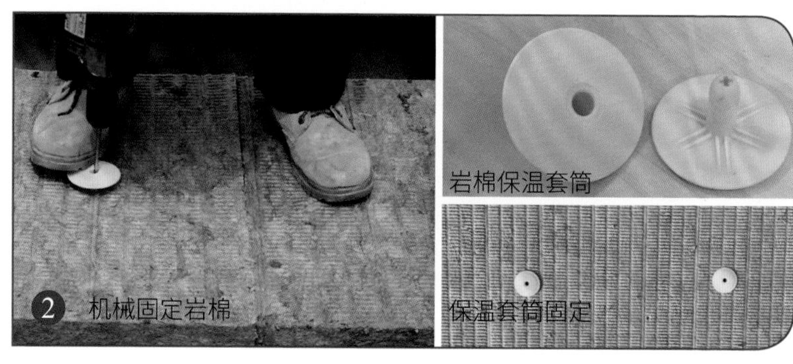

❷ 机械固定岩棉

❷ 当保温层使用岩棉板时，应使用保温套筒和螺钉固定岩棉板，每块岩棉板固定两个套筒。

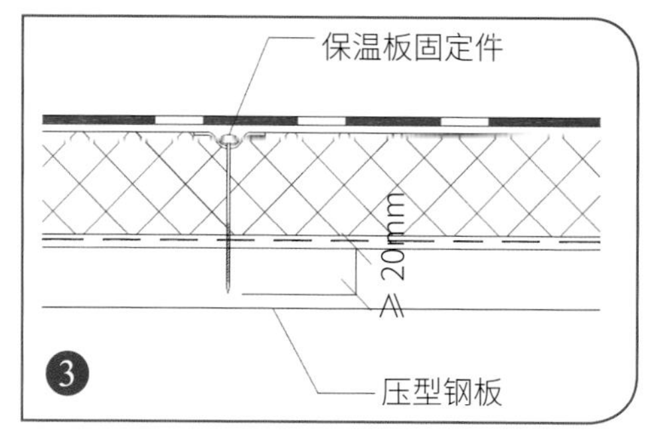

❸ 紧固件螺钉应固定在压型钢板的波峰上，严禁固定在钢板的波谷内，螺钉应穿出压型钢板至少 20mm。

❹ 当使用挤塑聚苯板（XPS）、模塑聚苯板（EPS）或硬质聚氨酯泡沫塑料板（PUR）等保温板时，需在保温板上铺设防火板。

❺ 在防火板表面弹线，以确定紧固件的固定位置。

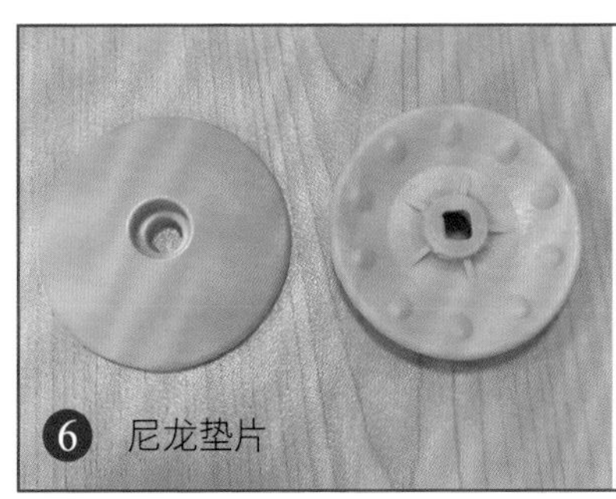

❻ 尼龙垫片

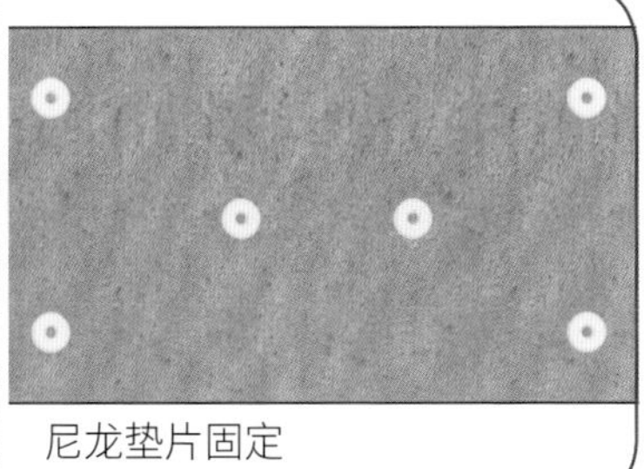

尼龙垫片固定

❻ 防火板宜使用尼龙垫片固定，尼龙垫片排布方式按图示确定，当尼龙垫片与上部卷材固定件位置重合时，则取消此位置的尼龙垫片。

(2) 采用无穿孔工艺的机械固定方法

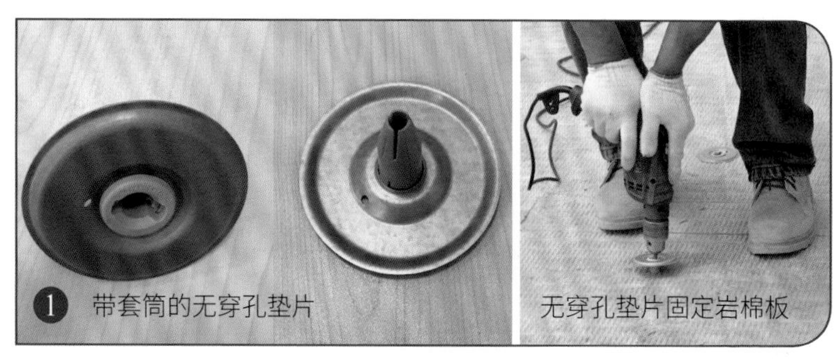

❶ 带套筒的无穿孔垫片　　无穿孔垫片固定岩棉板

❶ 当采用岩棉保温层时，应使用带套筒的无穿孔垫片固定岩棉板，固定件间距和布置方式根据风荷载计算确定，但要保证每块保温板不少于两个固定件。

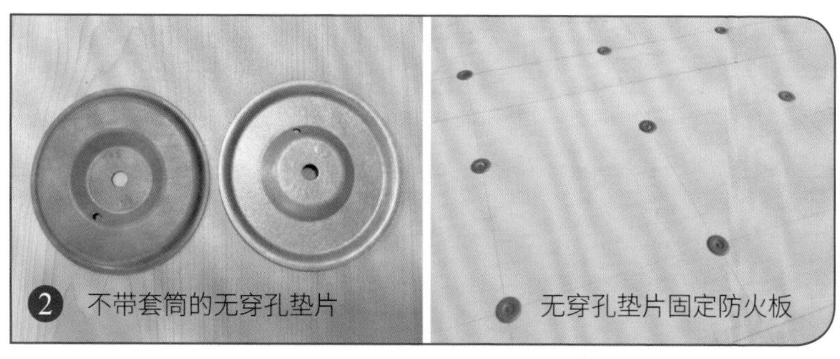

❷ 不带套筒的无穿孔垫片　　无穿孔垫片固定防火板

❷ 当使用挤塑聚苯板（XPS）、模塑聚苯板（EPS）或硬质聚氨酯泡沫塑料板（PUR）等保温板时，需在保温板上铺设防火板，使用不带套筒的无穿孔垫片固定防火板。

4. 卷材防水层的铺设及固定

❶ 铺设 TPO 卷材

❶ 进行卷材预铺，采用压型钢板基层时卷材的铺设方向应与压型钢板波纹方向垂直，把自然疏松的卷材按轮廓布置在基层上，平整顺直，不得扭曲。卷材在铺设展开后，应放置 15 ～ 30min，以充分释放卷材内部应力，避免焊接时起皱。

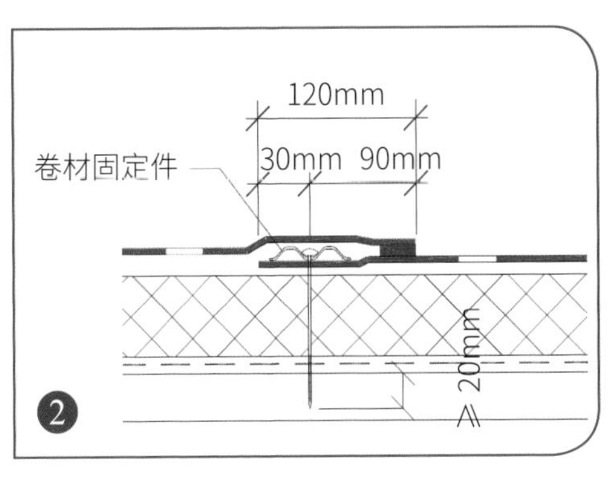

❷

❷ 机械固定卷材时，钉孔距离卷材边缘 30mm，螺钉穿出钢板至少 20mm。使用套筒固定防火板时需预钻孔。

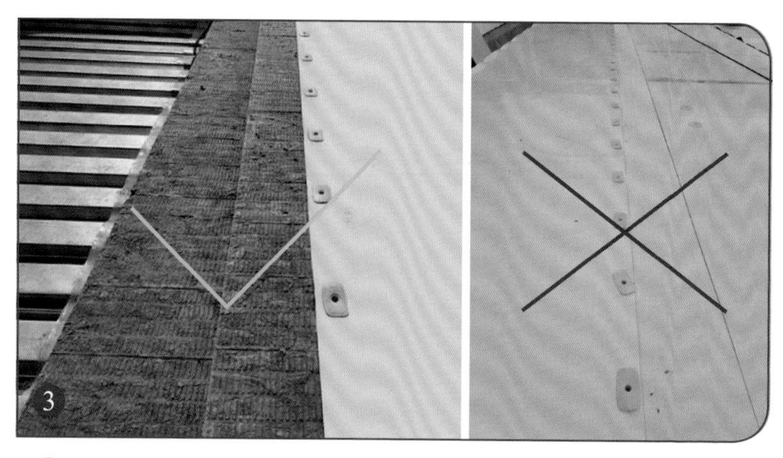

❸ 套筒边缘距离卷材边缘 10mm 左右，固定时应使长边平行于卷材边缘，并保持整齐。

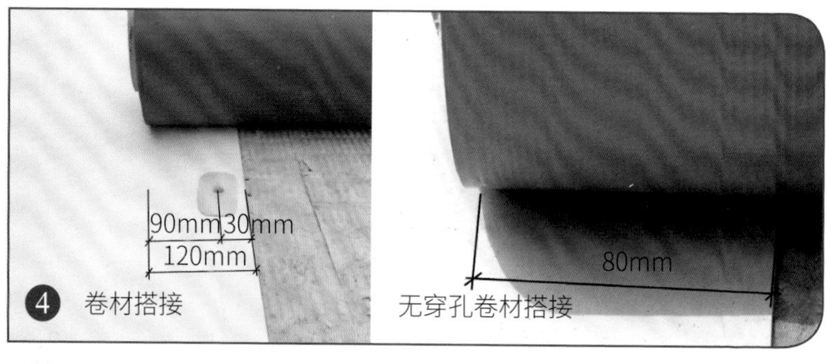

❹ 卷材搭接　　无穿孔卷材搭接

❹ 铺设第二幅卷材时，应使第二幅卷材与第一幅卷材长边搭接不小于 120mm，搭接边盖住第一幅卷材上的套筒和螺钉；卷材短边搭接不小于 80mm。当采用无穿孔工法固定卷材时，卷材长边搭接不小于 80mm，短边搭接不小于 80mm。

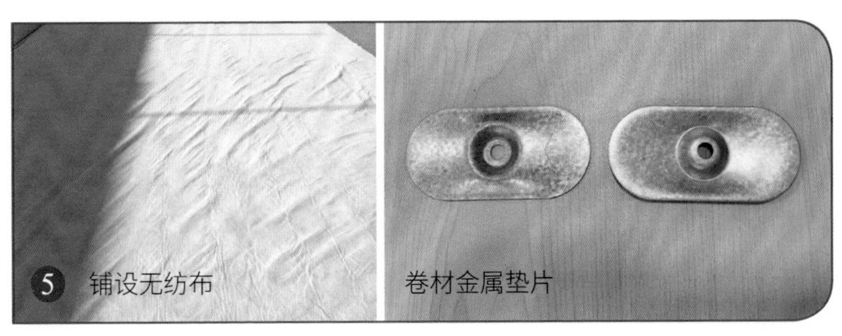

❺ 当基层为混凝土等硬质基层时，需先铺设无纺布隔离层，再铺设 TPO 防水卷材，卷材宜采用金属垫片进行固定。

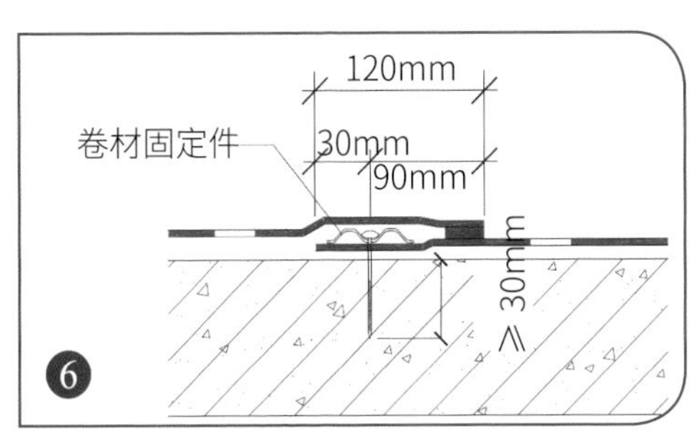

❻ 卷材固定前先在混凝土基层上预钻孔，钻孔深度 ≥ 40mm，紧固件螺钉应钉入混凝土基层至少 30mm。

5. 卷材防水层的焊接

❶ 在每日上午、下午或气温变化剧烈时，施工前应进行卷材试焊。卷材搭接边试焊时，在焊接后的卷材上，裁剪宽度为 20mm 长条，进行接缝剥离试验，根据试验结果确定焊机焊接速度与温度。

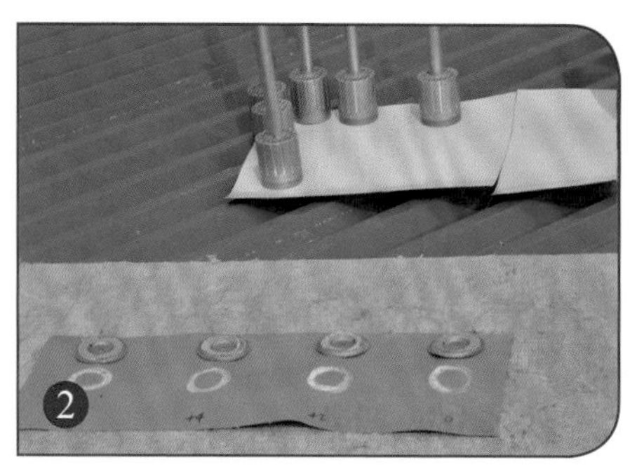

2

❷ 采用无穿孔机械固定工法时，进行无穿孔垫片和卷材的剥离试验，以确定无穿孔焊机的最佳焊接温度。

3

❸ 当采用无穿孔工法固定卷材时，在焊接卷材搭接缝前，需使用无穿孔焊机将卷材下表面与无穿孔垫片上表面进行电感焊接，并使用冷却器压住刚焊完的垫片，放置 45s 以上。

4

❹ 卷材机械固定完毕后，使用自动焊机焊接 TPO 长边和短边的搭接缝，焊缝宽度应为 40mm，最小有效焊接宽度应不小于 25mm。

2.2 满粘工法

2.2.1 构造做法

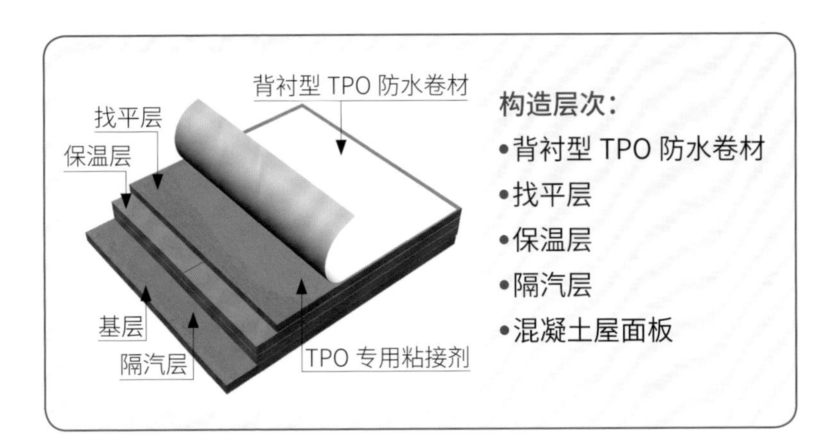

2.2.2 基层要求

砂浆基层应坚实、平整、干燥、不起砂，无较大裂纹。混凝土基层应干燥、平整，无孔洞、较大裂纹等。

2.2.3 施工流程

❶ 在清理干净的基层上预先铺设 TPO 防水卷材。预铺卷材时注意卷材的搭接，背衬型卷材长边留有 80mm 没有无纺布的搭接区域，短边采用对接搭接。

❷ 卷材预铺 15～30min 以后，将卷材按照卷材幅宽先折回一半。

❸ 使用刮板和滚筒刷在卷材背面和基层上均匀涂刷 TPO 专用胶粘剂，胶粘剂应厚薄均匀，不堆积。施工过程中应严禁烟火，注意通风。

❹ 涂刷完毕后晾胶，具体晾胶时间随环境温度变化而有所不同。

❺ 当胶粘剂手触不粘时，即可结束晾胶，进行卷材粘接。

❻ 粘接卷材时注意不要将空气压入卷材内部，形成鼓包。

❼ 使用压辊将卷材与基层压实。

❽ 使用热风焊机焊接卷材的长边接缝，焊缝宽度为40mm，最小有效焊接宽度应不小于25mm。

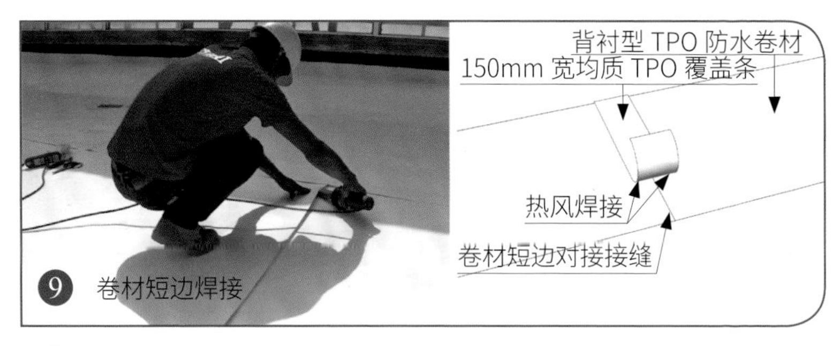

❾ 卷材短边焊接

❾ 卷材短边采用对接连接，对接接缝上覆盖 150mm 宽均质 TPO 覆盖条，有效焊接宽度应不小于 25mm。

⑩ 完成焊接后，使用钩针检查焊缝质量。

2.3 空铺压顶工法

2.3.1 构造做法

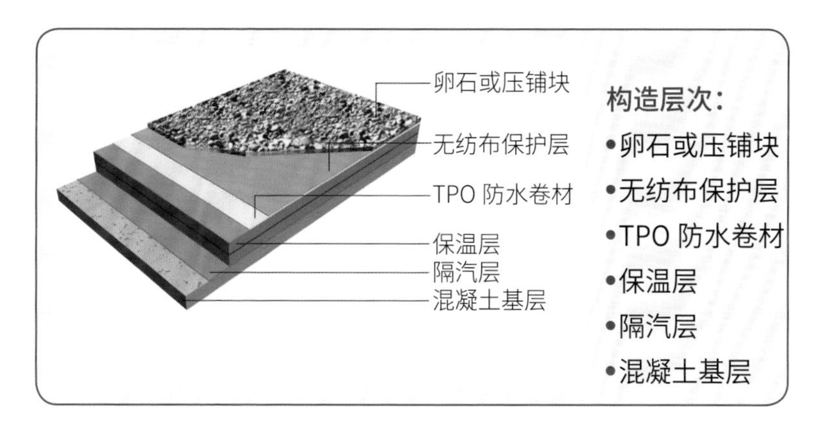

2.3.2 材料要求

压铺层的压顶材料宜采用水泥砂浆、细石混凝土等制成的块体材料、卵石等，并应符合下列规定：

（1）预制压铺块包括独立式压铺块和互锁式压铺块，密度应不小于 1800kg/m^3，厚度不得小于 30mm，单块独立式压铺块的面积不得小于 0.1m^2，单块互锁式压铺块的面积不得小于 0.08m^2。

（2）用于压顶材料的卵石应无尖锐棱角，直径应为 25 ～ 50mm，密度应不小于 2650kg/m^3, 不得使用诸如石灰岩之类的轻质石材。

（3）块状压顶层表面应洁净，色泽一致，无裂纹、掉角和缺棱等缺陷。

2.3.3 施工流程

❶ 在清理干净的基层上铺设隔汽膜和保温层。

② 铺设TPO防水卷材，注意长边与短边搭接均不小于80mm。

③ 使用自动热风焊机焊接长短搭接边，并进行细部节点处理。

④ 铺设无纺布。

⑤ 铺设卵石或压铺块。

热塑性聚烯烃（TPO）防水卷材施工图解

3.1 金属屋面满粘维修

3.1.1 构造做法

维修专用型热塑性聚烯烃（TPO）防水卷材，采用 TPO 防水卷材专用树脂，辅以阻燃剂、光屏蔽剂、抗氧剂、稳定剂等经过共挤制成片材，并在卷材下表面热复合聚酯无纺布制成。

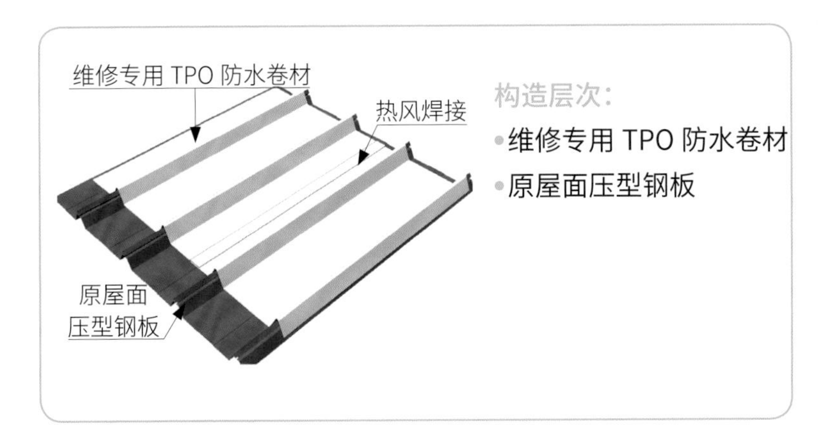

3.1.2 施工流程

1 除锈

涂刷防锈漆

① 进行基层处理，扫除屋面的杂物，若屋面钢板存在锈蚀，需先进行除锈，除锈完毕后，根据需要可涂刷防锈漆。

② 在维修专用 TPO 背面涂刷胶粘剂。

③ 在压型钢板表面涂刷胶粘剂。

④ 晾胶，待胶粘剂手触不黏后，即可进行粘接。粘接卷材时注意顺钢板波形进行粘接，避免将空气压入卷材内部，形成鼓包。

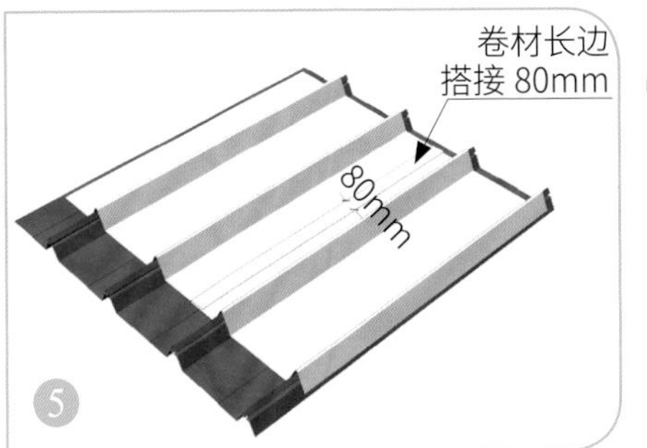

⑤ 卷材长边搭接缝留在压型钢板波谷内，长边搭接不小于80mm。

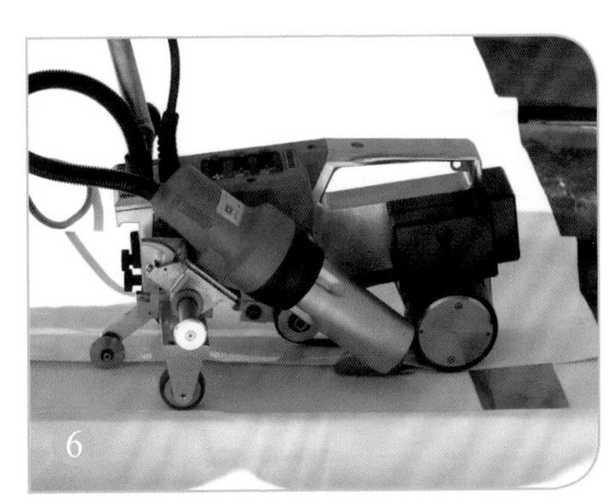

⑥ 长边搭接使用自动焊机焊接。

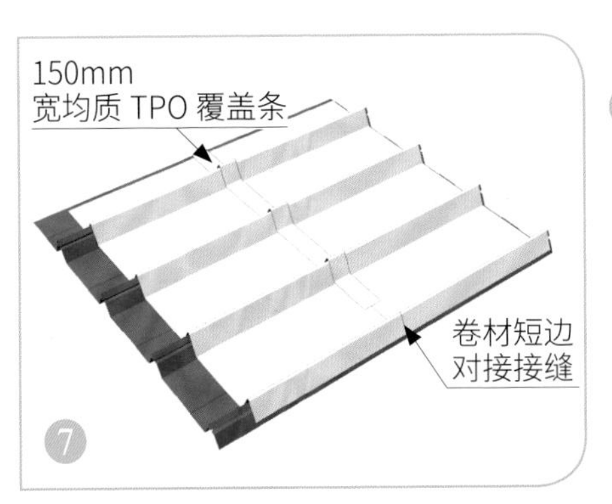

⑦ 短边采用对接连接，对接缝上覆盖150mm宽均质 TPO 覆盖条。

⑧ 短边搭接使用手持焊枪焊接。

⑨ 大面卷材在屋脊盖板处断开，根据屋脊盖板宽度裁剪合适的均质卷材进行铺贴。

⑩ 卷材粘贴后，沿钢板波峰位置将卷材剪口。

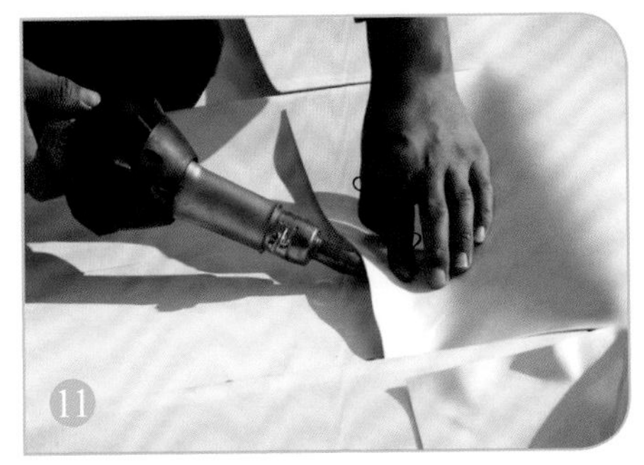

⑪ 将裁剪过的卷材与波谷卷材焊接。

⑫ 裁一块均质 TPO 防水卷材，盖住波峰的裁切口处，使用焊枪焊接牢固，有效焊接宽度应不小于 25mm。

⑬ 天沟处需要将伸入天沟内的压型钢板切除，切至与天沟平齐，然后满粘TPO防水卷材。

注：天沟采用 TPO 防水卷材整体维修后，应根据现场天沟实际排水情况，确定是否需要增设溢水口。

3.2 金属屋面填充保温维修（无穿孔工艺）

3.2.1 构造做法

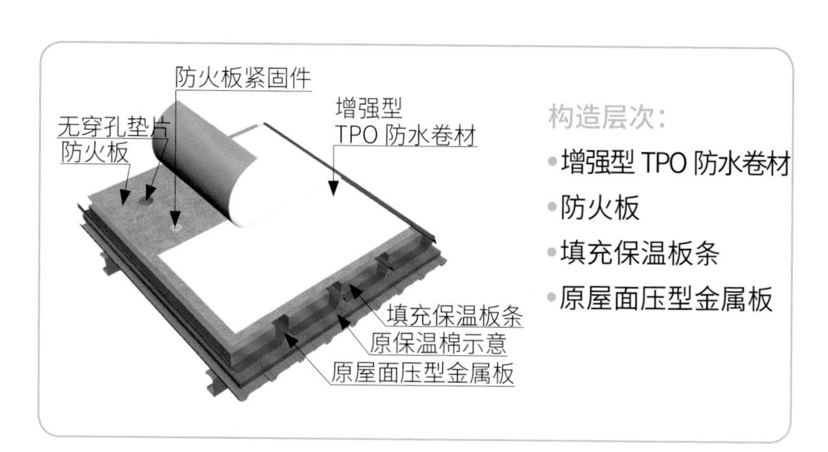

构造层次：

- 增强型 TPO 防水卷材
- 防火板
- 填充保温板条
- 原屋面压型金属板

3.2.2 施工流程

① 清理基层后，在压型钢板波谷内填充保温板条。

② 在填充保温板条的钢板表面铺设防火板。

③ 在防火板表面弹出紧固件的定位线。

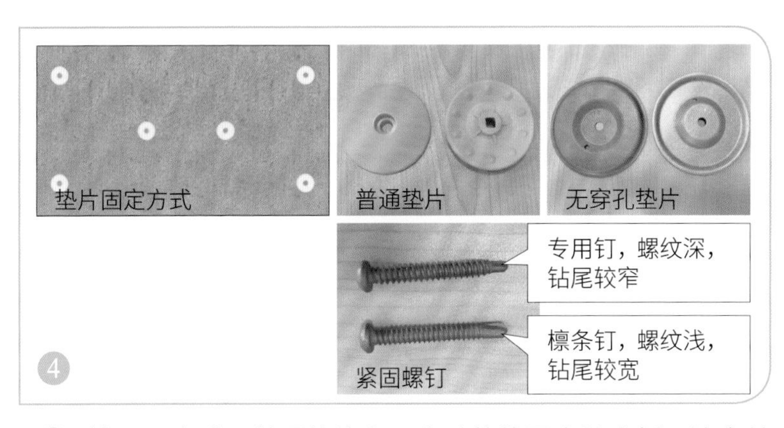

④ 按图示方式用普通垫片和无穿孔垫片固定防火板。注意普通垫片应使用专用紧固螺钉固定于原屋面钢板上，无穿孔垫片应使用檩条钉穿透原屋面钢板固定在屋面檩条上，檩条钉穿入檩条至少 20mm。当无穿孔垫片和普通垫片的位置重叠时，取消此处的普通垫片，安装无穿孔垫片。

⑤ 铺设 TPO 防水卷材，卷材长边与短边搭接均不小于 80mm。

⑥ 使用无穿孔焊机将卷材下表面和无穿孔垫片进行电感焊接，并使用冷却器镇压冷却，每个冷却器的镇压时间不少于 45s。

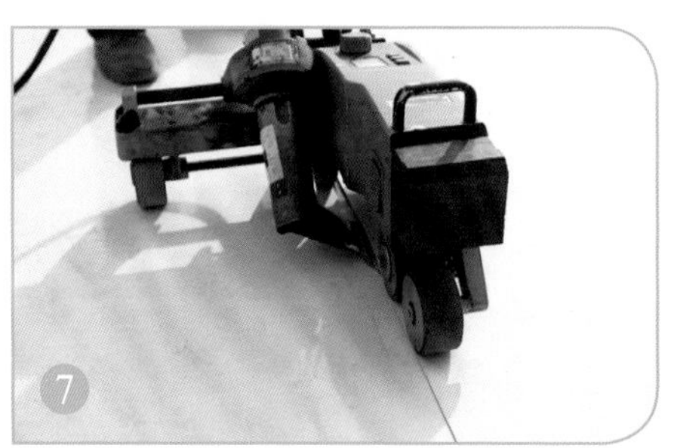

⑦ 使用热风焊机焊接卷材的搭接边。

1 主辅材及工器具

2 新建项目施工工法

3 维修项目施工工法详解

4 细部节点处理详解

5 常见质量问题及处理方式

6 经典案例

4.1 阴阳角

阴阳角主要有带平面折的阴角、阳角和带立面折的阴角三类。

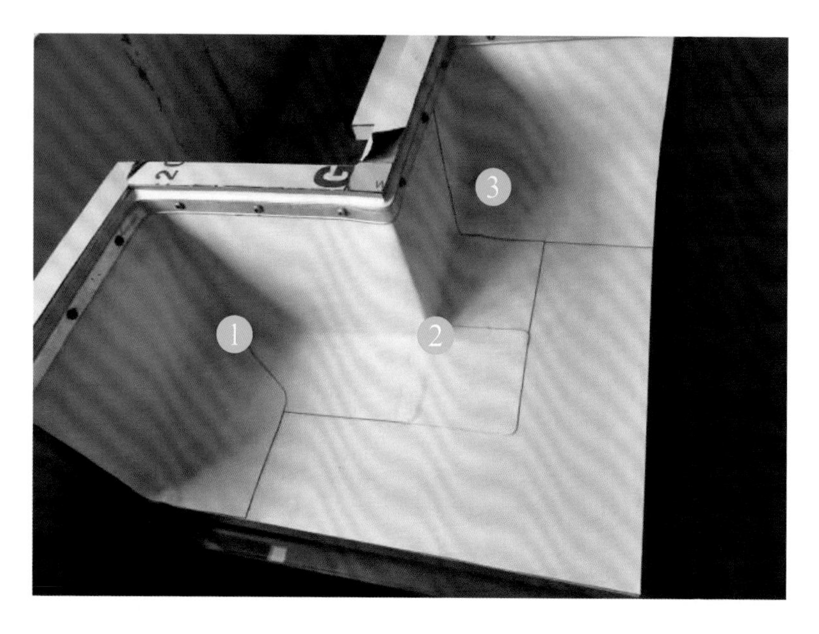

阴阳角

1—带平面折的阴角；2—阳角；3—带立面折的阴角

4.1.1 带平面折的阴角

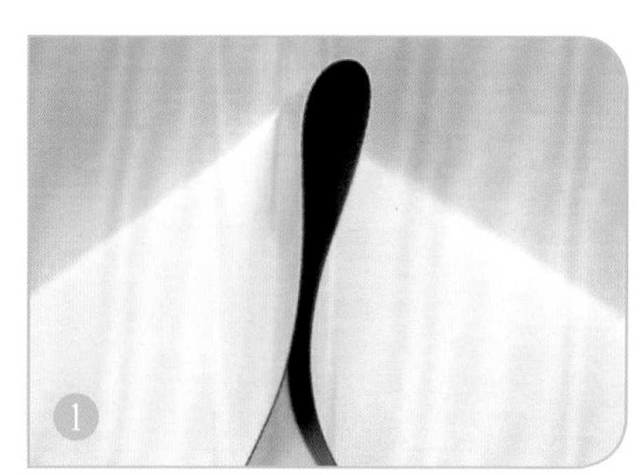

① 将卷材压进墙角。

② 将卷材折下，做成45°角。

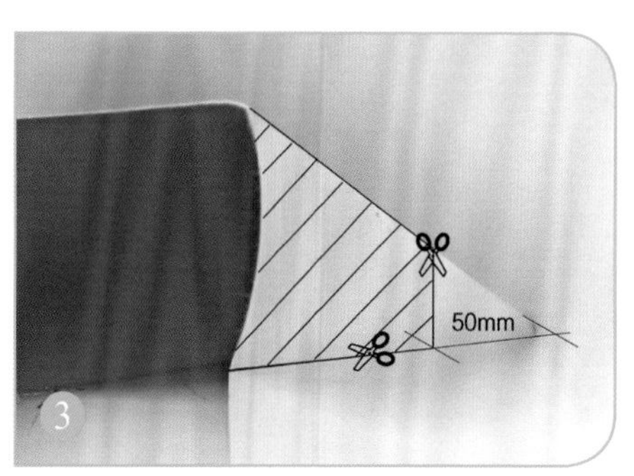

③ 将阴影部分剪到离墙角 50mm 处。

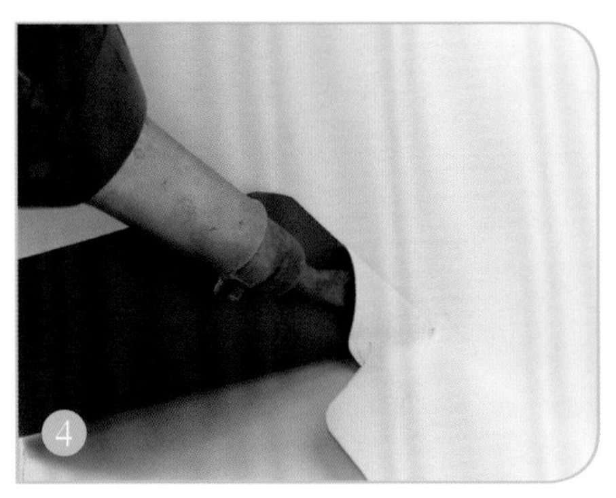

④ 预先焊接经剪切剩下的折角。

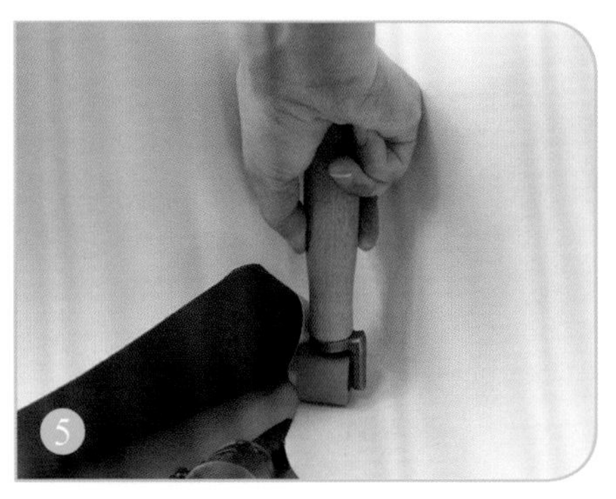

⑤ 焊接下面的搭接部分。

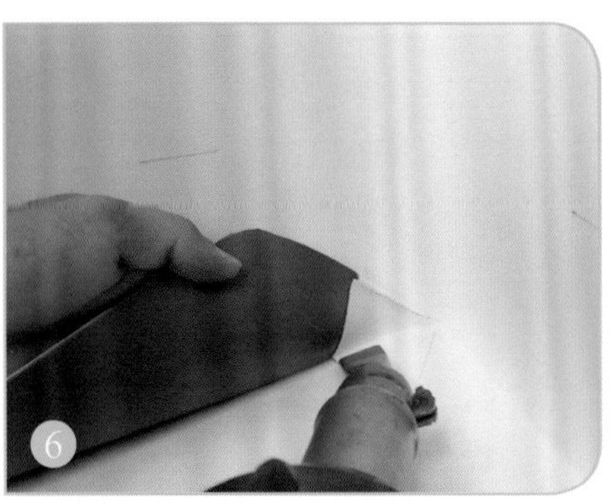

⑥ 加热折角焊缝与基层卷材的搭接部分。

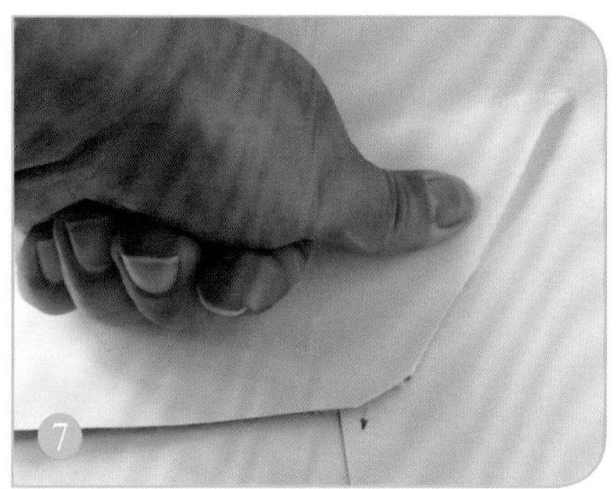

⑦ 将刚加热过的折角压下，保持几秒钟，使卷材焊接在一起。

⑧ 仔细掀起未焊实的搭接部分，从折角边缘开始热风焊接。

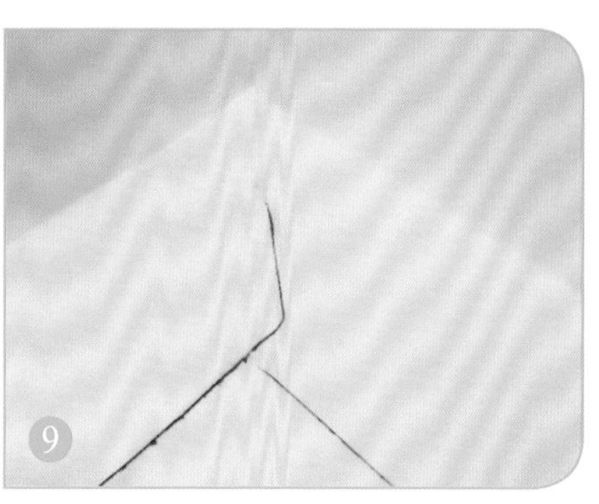

⑨ 将剩余焊缝全部焊接完毕。

4.1.2 阳角

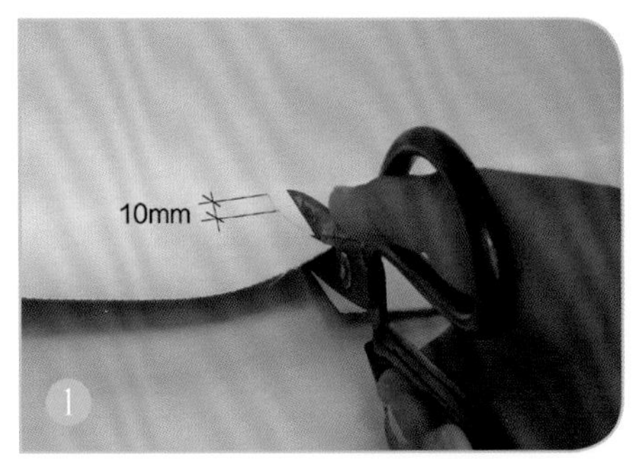

① 沿阳角纵向或横向剪开卷材，剪到离阳角10mm处为止。

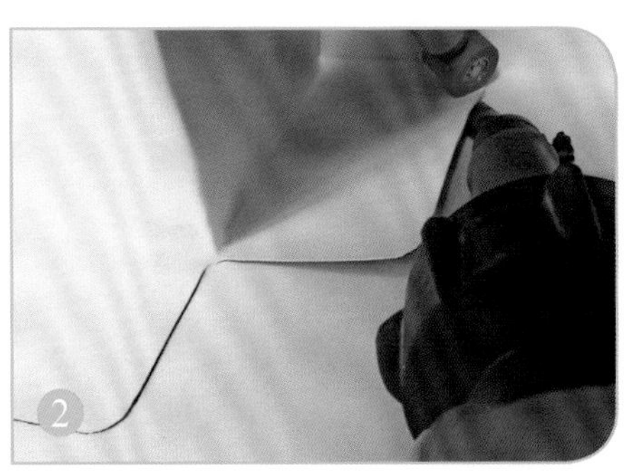

② 将下翻卷材搭接部分焊接在屋面卷材上。

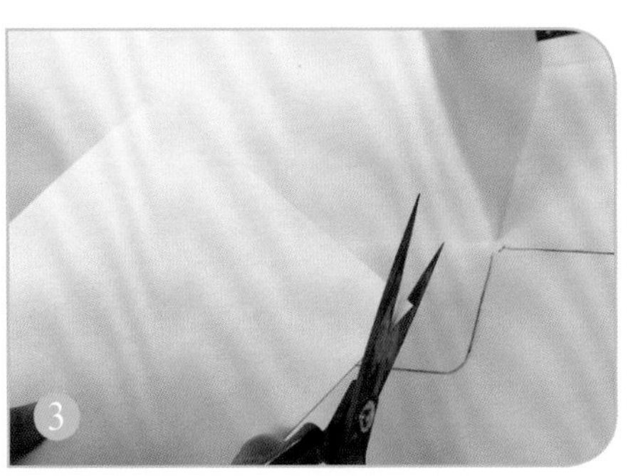

③ 剪下比缺口部位大50mm的均质型TPO防水卷材，然后将要焊接的竖角处的卷材剪成圆角。

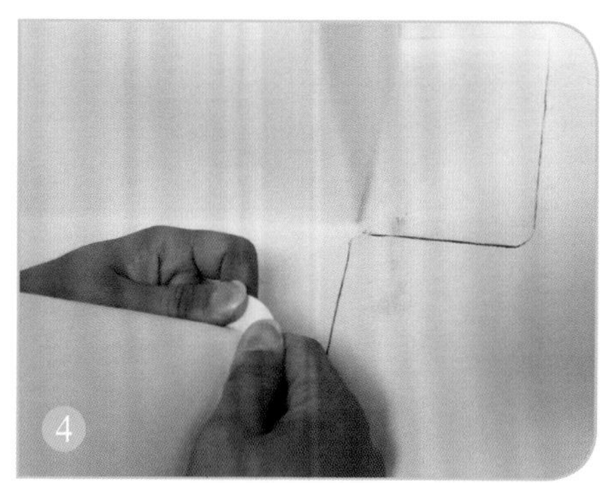

④ 加热并拉伸卷材的圆角。

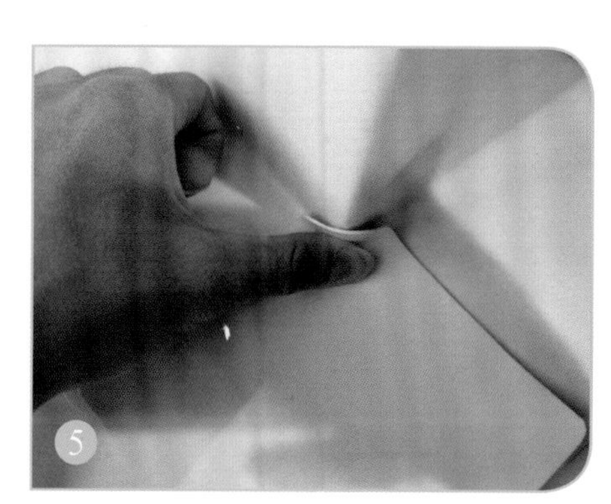

⑤ 将该卷材点焊到阳角根部，使卷材圆角高出平面 20mm。

⑥ 从下向上焊接圆角。

⑦ 焊接圆角的两边，焊接时使用手指按下卷材。

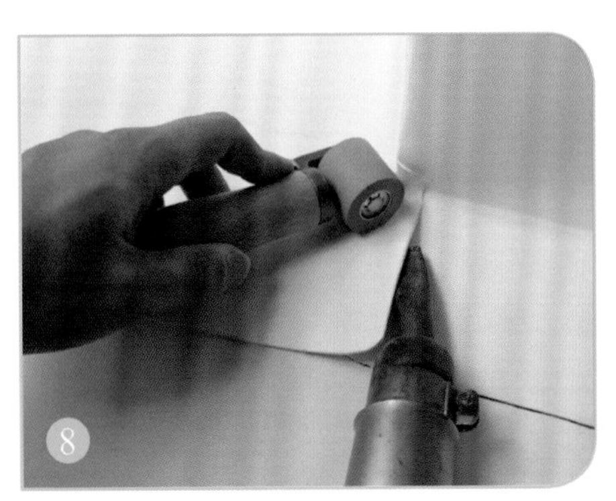

⑧ 焊接剩余搭接部分。

⑨ 最终完成的效果。

4.1.3 带立面折的阴角

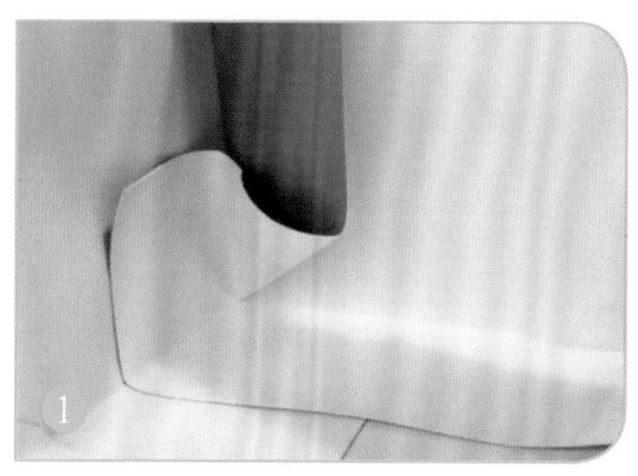

① 铺设 TPO 防水卷材，使水平区域的搭接宽度与墙角侧边的搭接宽度相同，形成一个竖直的折角。

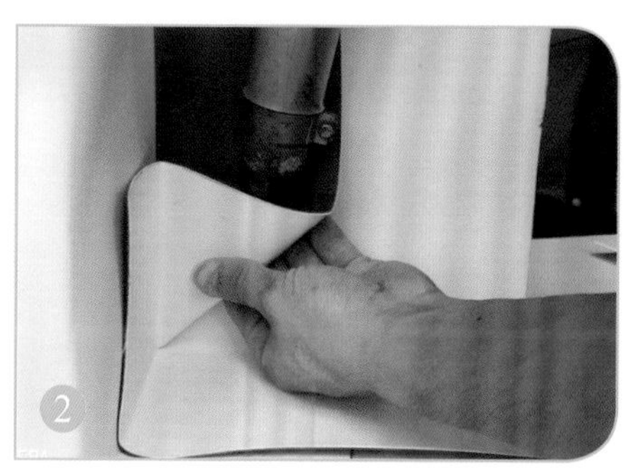

② 将该卷材与屋面、墙角、立面上的卷材点焊在一起，并焊合折角。

③ 将搭接部分的卷材焊接在第一层卷材上。

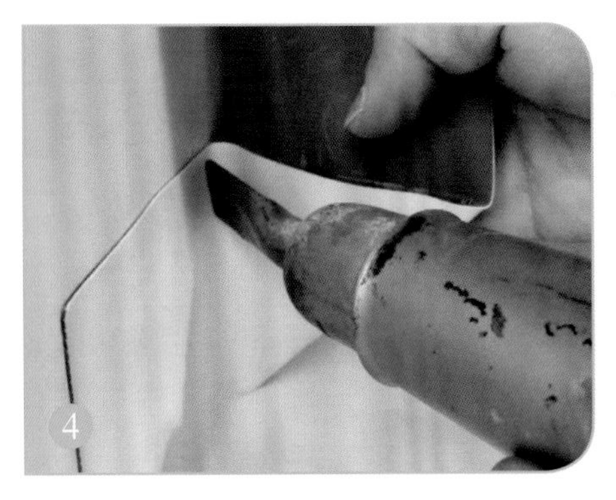

4 焊接侧面立墙的搭接部分。

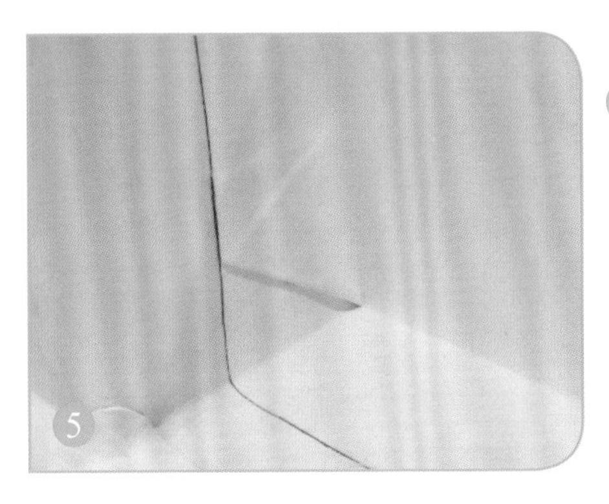

5 节点完成效果。

4.2 T 形接缝

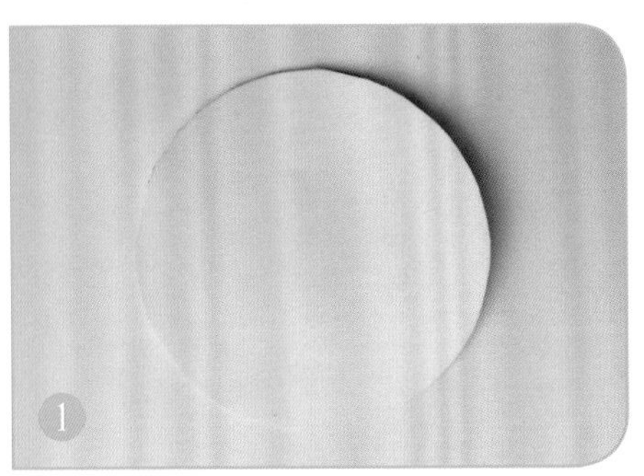

1 裁剪一块直径≥ 15cm 的圆形均质 TPO 防水卷材。

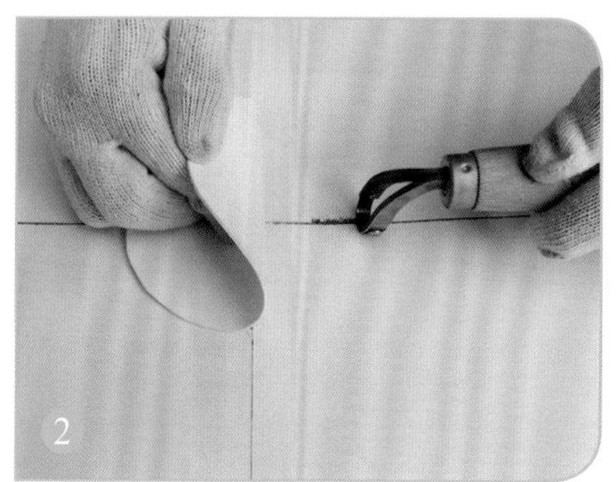

② 使用刮刀将 T 形接缝处的卷材做成斜坡。

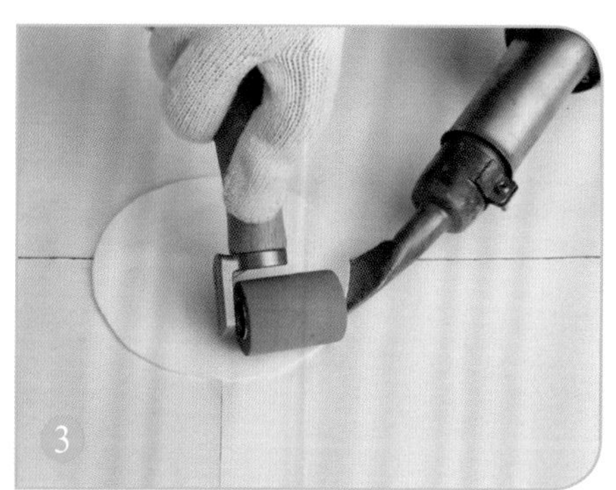

③ 焊接圆形盖片。

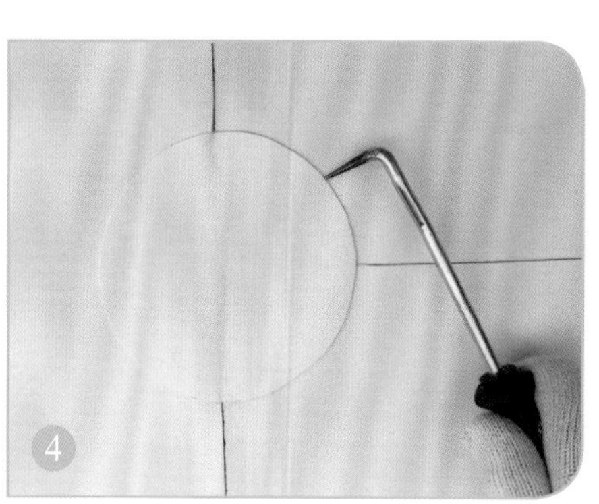

④ 使用钩针检查焊缝质量。

4.3 管根

① 在基层卷材上裁剪出适合管道直径的圆孔。

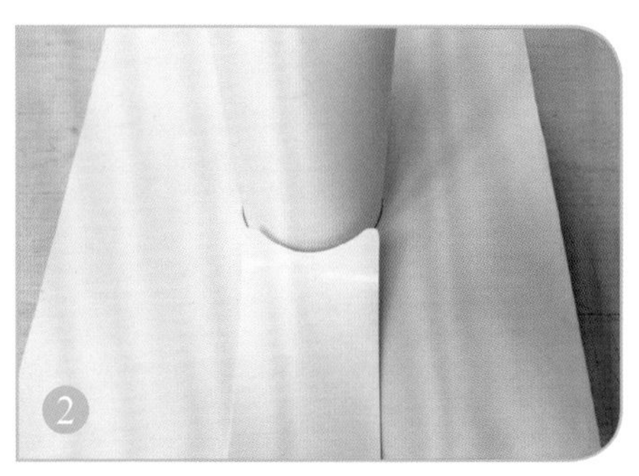

② 裁剪 100mm 宽覆盖条，盖住裁剪缝并焊接。

③ 裁剪圆形均质 TPO 防水卷材，直径为管道直径 +300mm，在中间切割一个比管道直径小 10mm 的圆孔，裁出圆环后，沿图示直线将圆环剪断。

④ 用剪断的圆环包住管根，形成一个上翻的立边，并焊接在基层卷材上。

⑤ 剪切一块均质 TPO 防水卷材，长度为卷材上翻高度 +20mm，宽度为管道周长 +30mm，并将卷材与大面卷材交接的部位进行加热、拉伸。

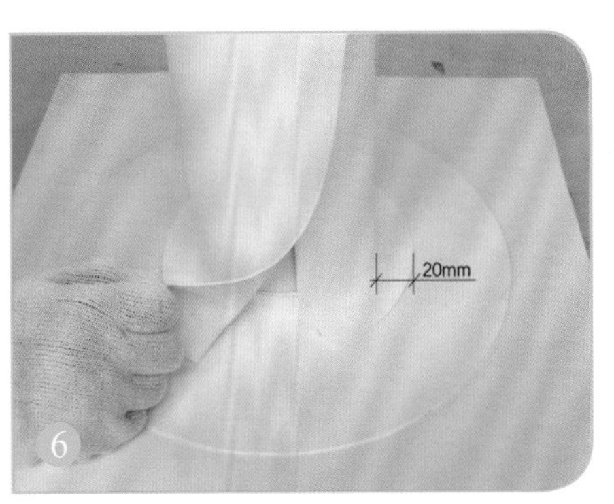

⑥ 使用卷材包住管根，下翻 20mm，焊接固定。

7 管根收口部位使用不锈钢金属箍收口，并打密封胶。

4.4 女儿墙

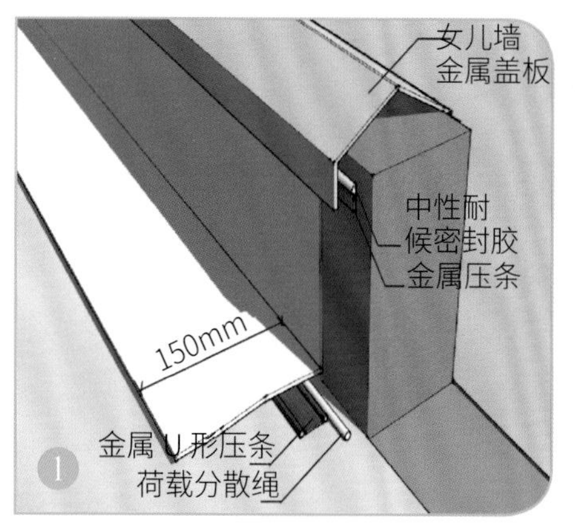

1 女儿墙节点示意。

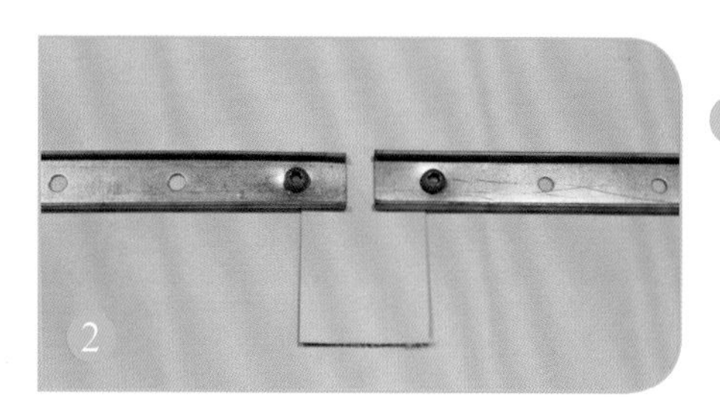

2 墙体下方压条对接处空出2~5mm，下方采用5cm×8cm卷材条衬垫，螺钉必须固定在第一个孔位置。

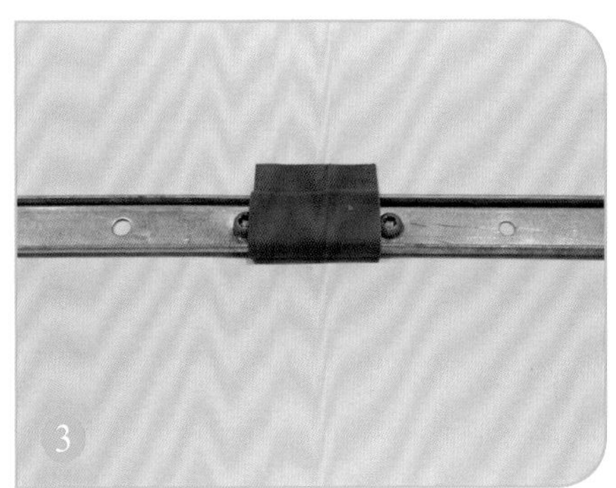

③ 垫条包住对接头，点焊固定。

④ 使用专用焊枪嘴焊接荷载分散绳。

⑤ 铺设立面卷材。

⑥ 将立面卷材与大面卷材焊接。

⑦ 收口位置用压条固定，并用密封胶密封。

4.5 天沟

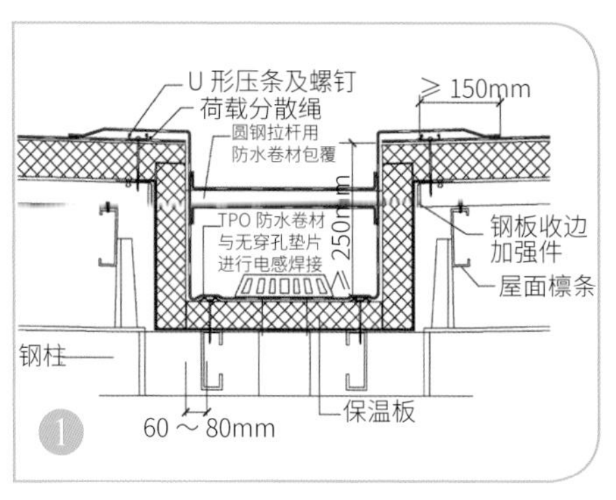

① 天沟节点示意。

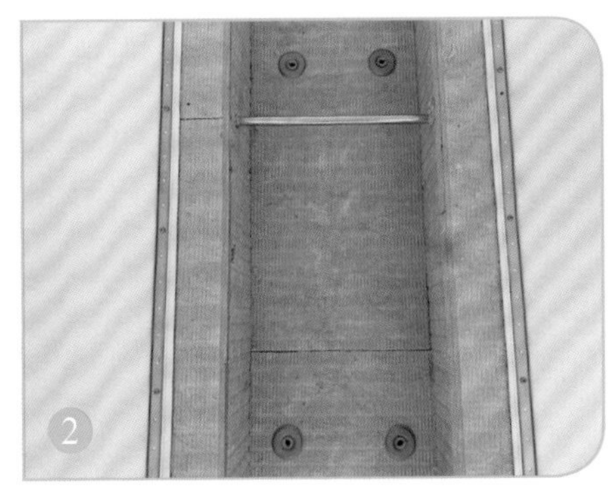

② 天沟内铺设保温岩棉，并用带套筒的无穿孔垫片进行固定。

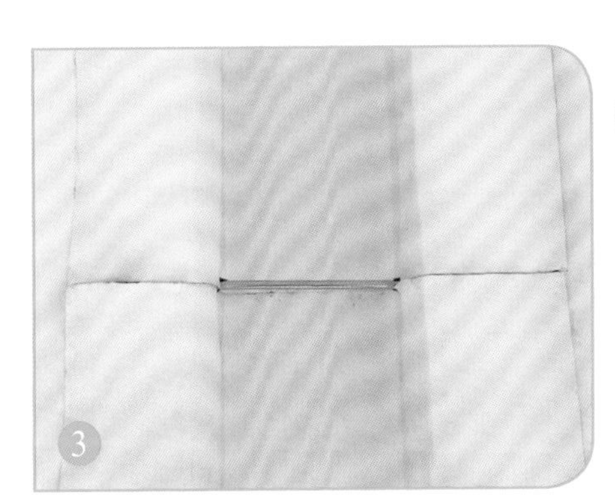

③ 天沟内铺设 TPO 防水卷材，天沟底面卷材不断开，天沟横撑处卷材裁剪断开。

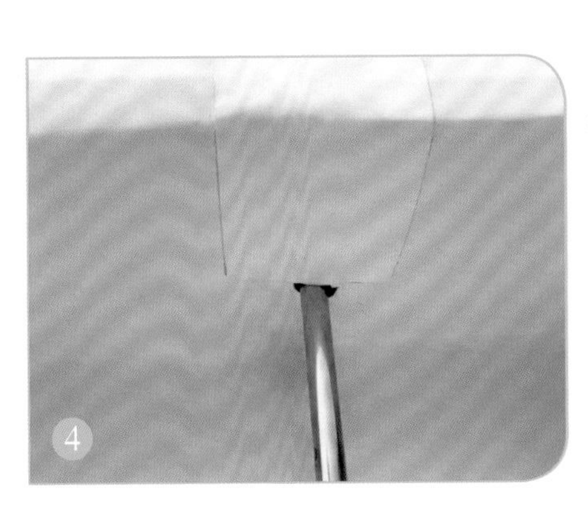

④ 裁剪一块均质 TPO 覆盖条，将横撑上部卷材的裁剪缝盖住并焊接。

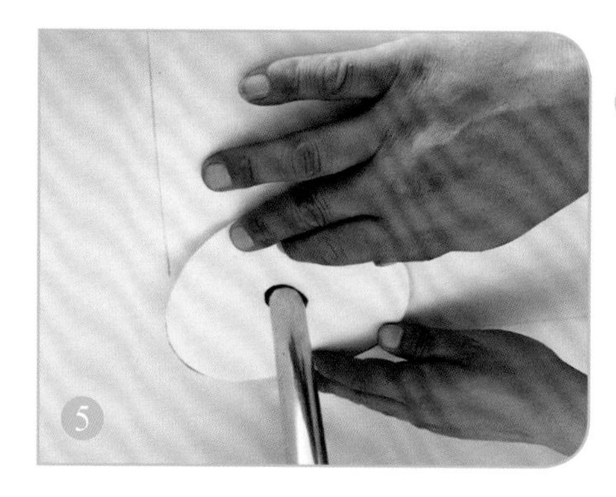

⑤ 裁剪一块圆形均质TPO防水卷材，裁出拉杆的洞口，套住拉杆后，将圆形TPO防水卷材焊接闭合，先不要与天沟侧边TPO防水卷材焊接。

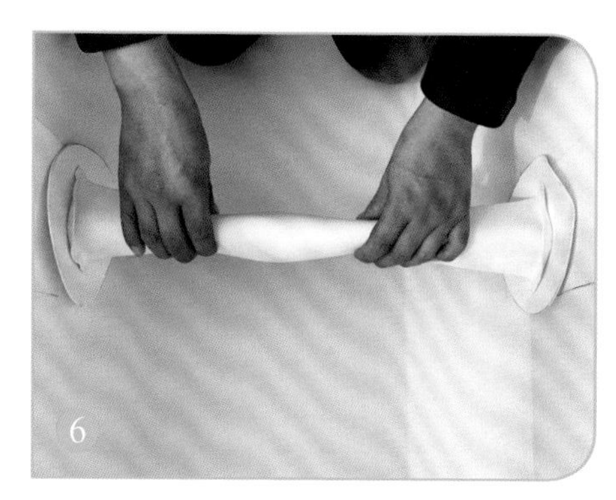

⑥ 裁剪均质型TPO防水卷材包裹拉杆。

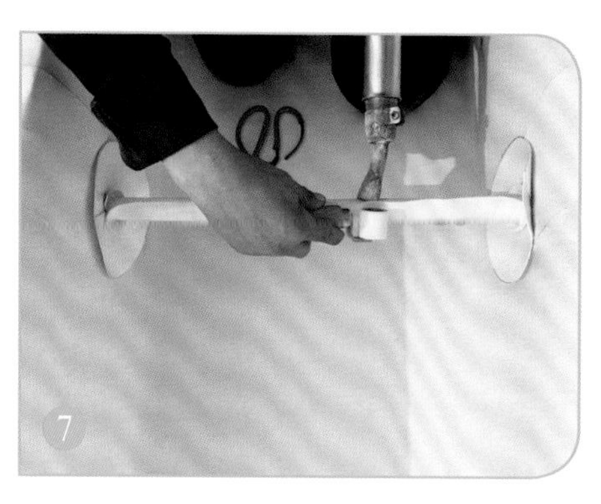

⑦ 将搭接缝翻转到上部进行热风焊接。

⑧ 边翻转边焊接拉杆端部卷材。

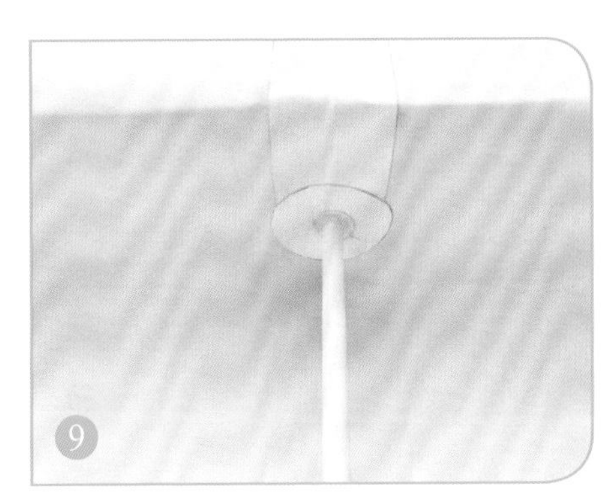

⑨ 将圆形卷材与天沟侧边焊接在一起。

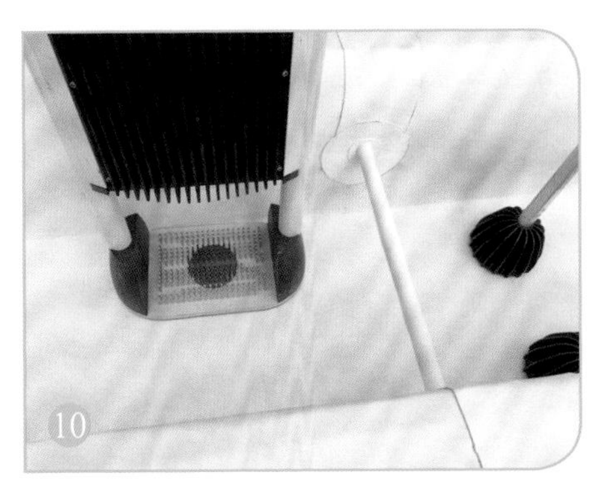

⑩ 使用无穿孔焊机焊接卷材。

4.6 避雷

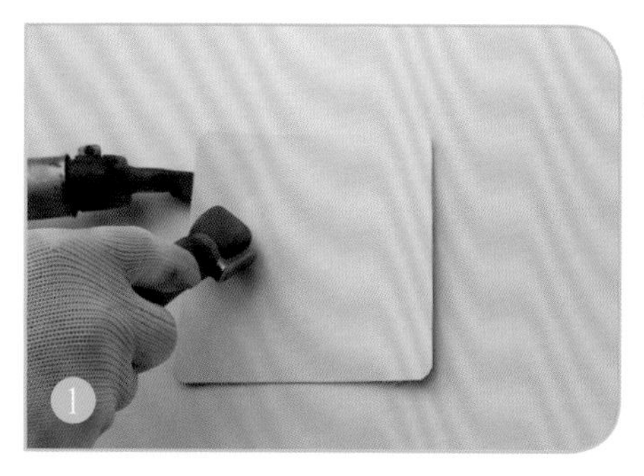

① 裁剪一块方形 TPO 防水卷材，面积略大于避雷支架底座面积，焊接到大面卷材上。

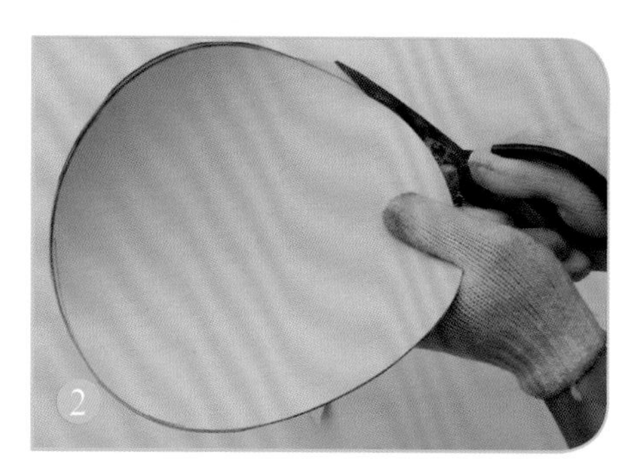

② 裁剪一块圆形 TPO 防水卷材，直径为 250mm。

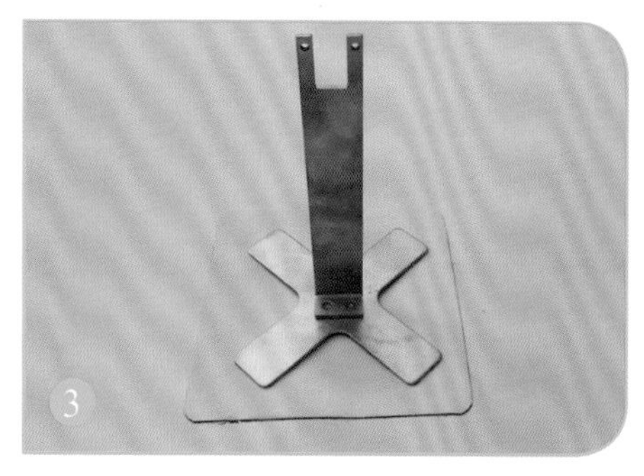

③ 将避雷支架放置在方形 TPO 防水卷材上。

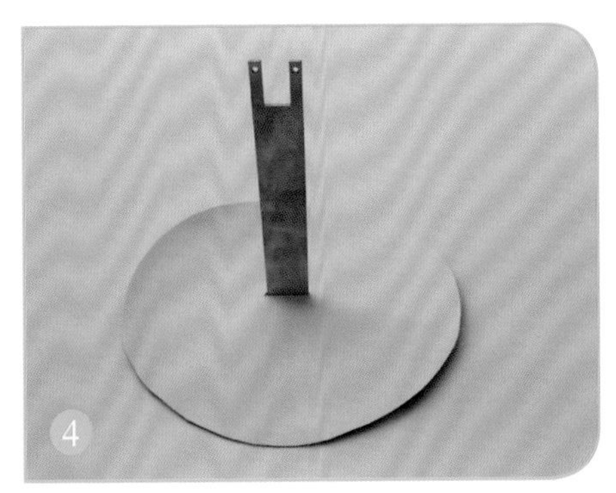

④ 将圆形 TPO 防水卷材中间裁口，套在避雷支架上。

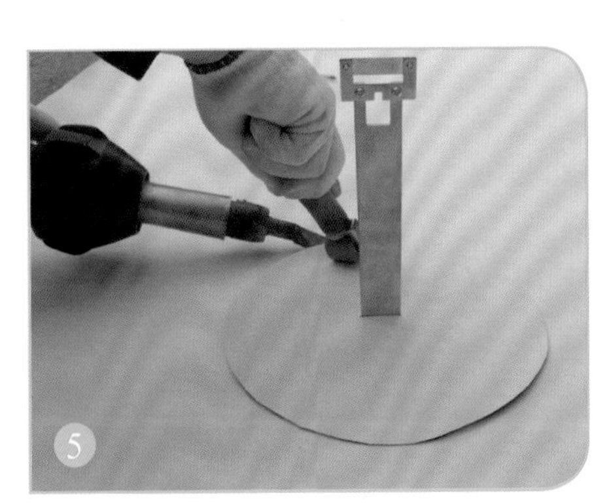

⑤ 将圆形 TPO 防水卷材与大面卷材焊接。

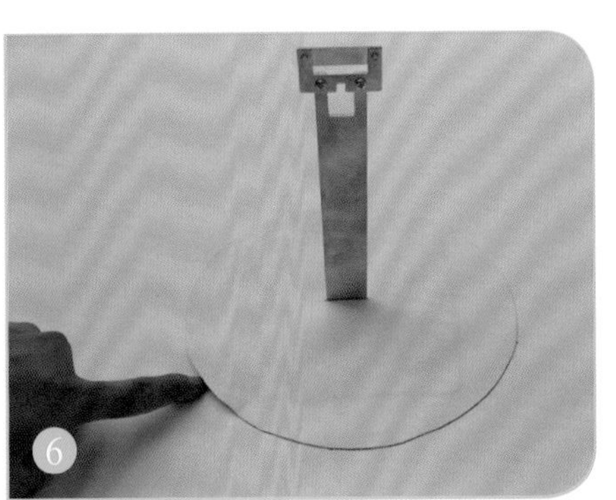

⑥ 注意流水方向下侧留出 10mm 不焊接，用作排水口。

4.7 伸缩缝

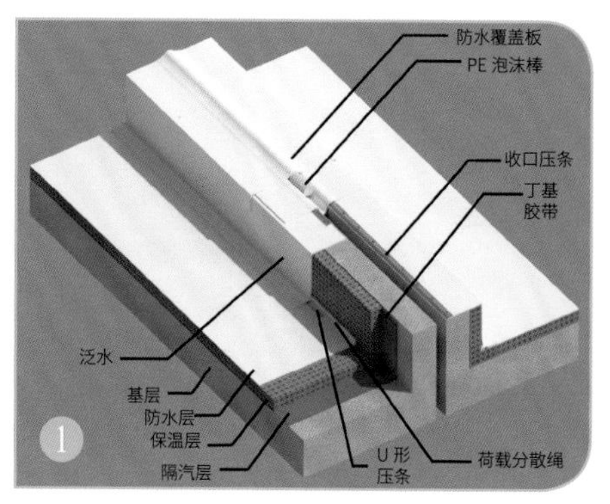

① 伸缩缝节点示意。

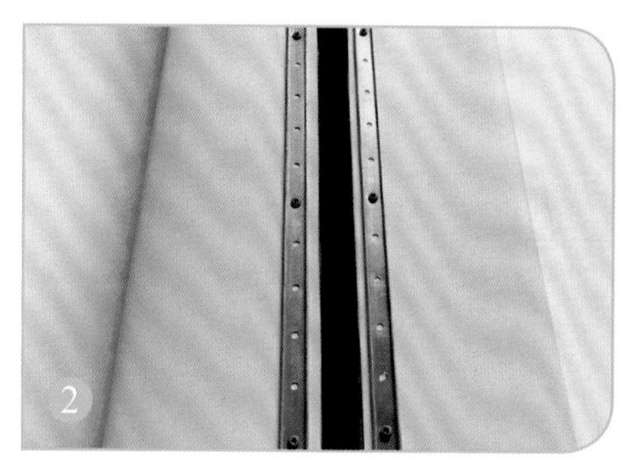

② TPO 防水卷材泛水上翻至伸缩缝平面，使用 U 形压条进行固定。

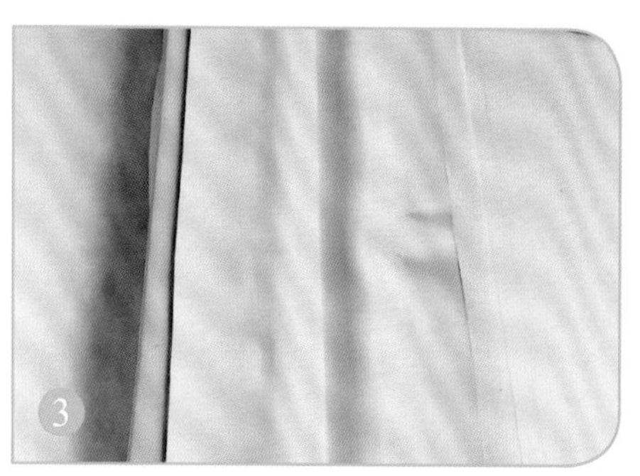

③ 根据伸缩缝宽度裁剪合适的卷材，盖住 U 形压条和伸缩缝平面，卷材需做成向伸缩缝内凹陷。

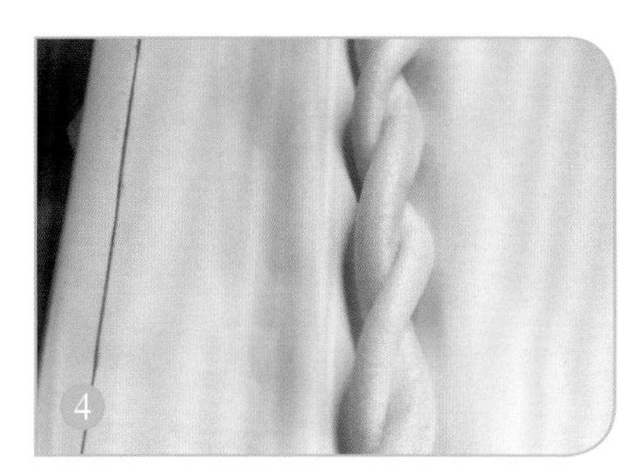

④ 在平面凹陷的卷材内放入 PE 泡沫棒。

⑤ 覆盖并焊接最上层 TPO 防水卷材。

4.8 屋面洞口

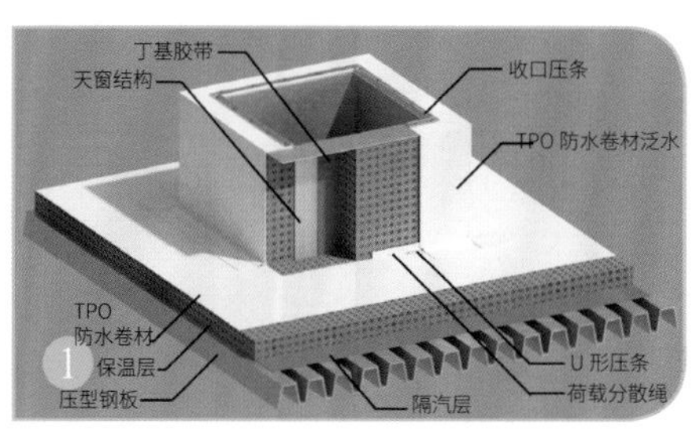

① 屋面洞口节点示意。

② 屋面洞口处使用 U 形压条和焊绳固定大面卷材。

③ 铺设立面卷材。

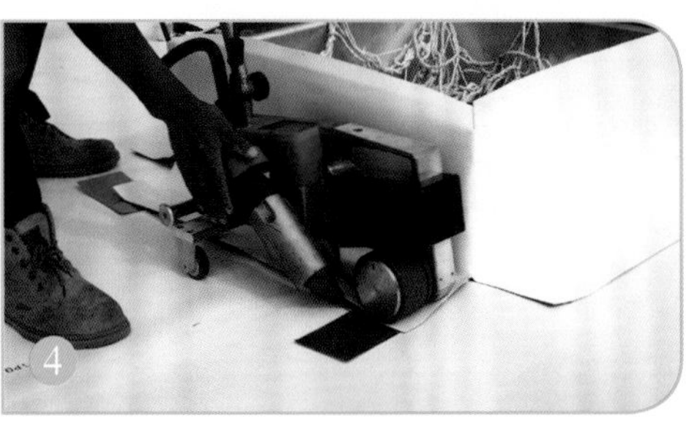

④ 焊接立面卷材。

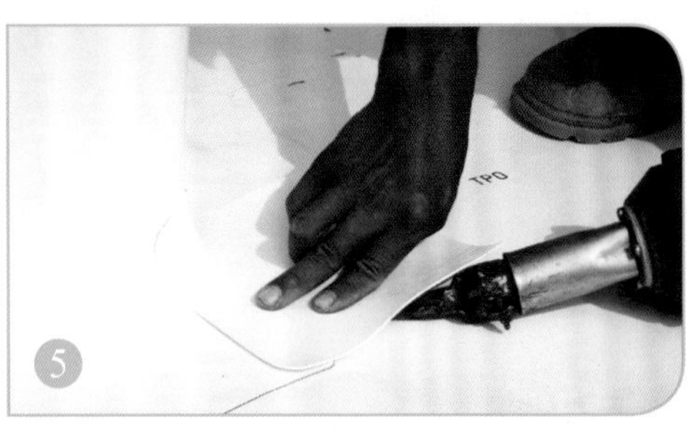

⑤ 阳角节点处理。

⑥ 收口处卷材下部先打一道密封胶。

⑦ 使用收口压条固定卷材。

⑧ 收口压条处再打一道密封胶。

4.9 水落口

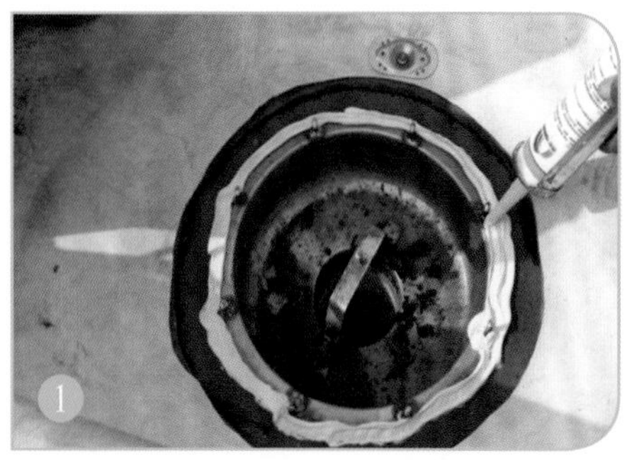

1 水落口四周固定螺杆不少于 8 个，将雨水斗清理干净并干燥后打胶。

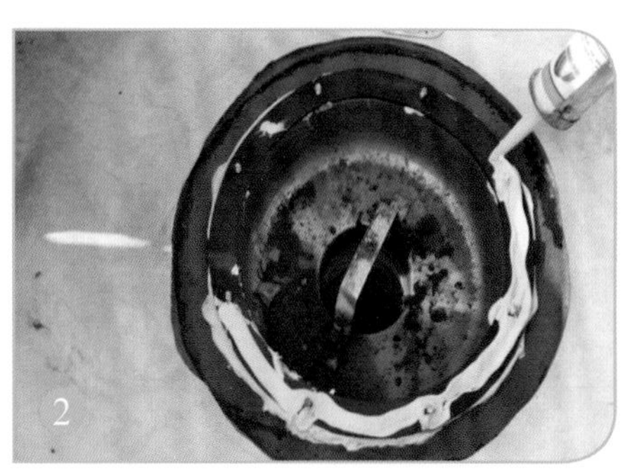

2 放上胶垫，胶垫上表面打胶。

3 覆盖均质 TPO 防水卷材，并在 TPO 防水卷材上面打胶，用压盘固定 TPO 防水卷材，并进行焊接。

④ 将压盘中间 TPO 防水卷材切除，并在压盘上部打胶。

⑤ 安装挡叶器。

热塑性聚烯烃（TPO）防水卷材施工图解

1 主辅材及工器具

2 新建项目施工工法

3 维修项目施工工法详解

4 细部节点处理详解

5 常见质量问题及处理方式

6 经典案例

5.1 施工质量通病及防治

5.1.1 虚焊、假焊

虚焊、假焊指焊缝未焊牢，从表面上看像已经焊接牢固，实际用手即可将焊缝撕开，此处容易产生渗漏。

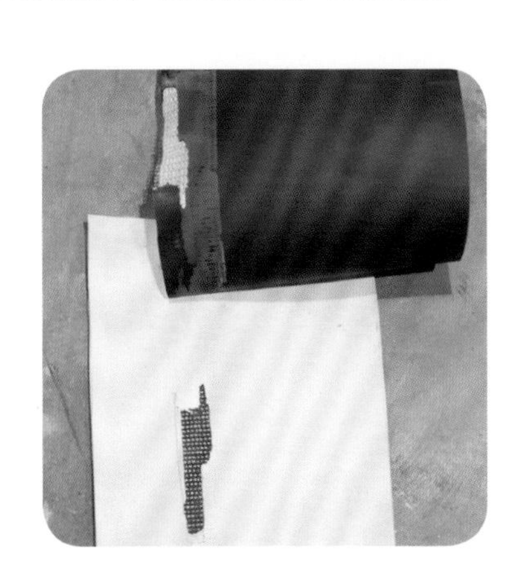

原因分析	防治措施
焊接温度选择不当，焊接速度过快	每日上午、下午开工前，进行试焊，确定最佳焊接温度、速度
自动焊机焊接起步和结束的位置由于温度不足形成虚焊	自动焊机焊接起步和结束的位置，使用铁垫片进行衬垫，焊接完后使用手持焊枪将此处焊缝焊牢 铁垫片
卷材表面有污物	焊接前使用卷材清洗剂擦除表面的污物
基层表面不平整或基层太软，导致焊机运行不畅	保证焊机运行时基层坚实、平整，使用抗压强度符合要求的保温层

5.1.2 焊缝出浆严重或扭曲变形

焊缝出浆严重或扭曲变形是指卷材焊缝由于施工工艺问题导致外观质量差。

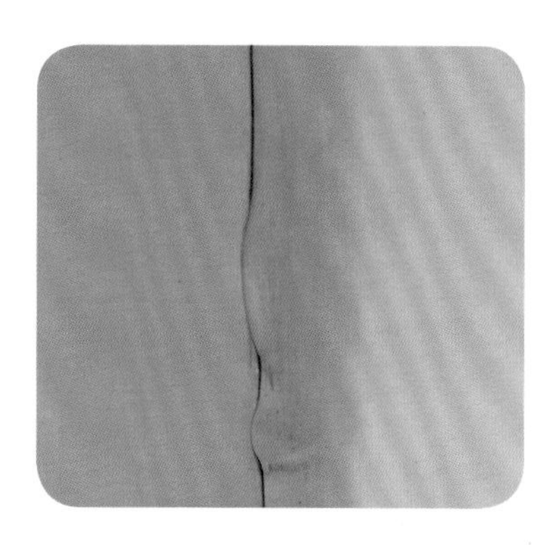

原因分析	防治措施
焊接温度过高、焊机行走速度过慢	调整焊机运行温度和行走速度

5.1.3 套筒内钉子冒头

套筒内钉子冒头指钉帽突出套筒的盘面，戳到上部 TPO 卷材，造成 TPO 防水卷材的磨损和破坏。

原因分析	防治措施
使用了抗压强度较低、较软的保温层，导致脚踩在保温套筒上时，将套筒和保温层踩塌陷，钉子从套筒内突出出来，对卷材造成破坏	使用抗压强度符合施工要求的保温层，并按规范和图纸进行施工

5.1.4 满粘卷材起泡

采用满粘法施工时，大面卷材粘接完毕后，出现起泡的现象。

原因分析	防治措施
基层不平，胶粘剂局部堆积，形成起泡	基层处理平整
施工时气温过低或晾胶时间过短，专用胶粘剂未挥发完全即进行粘接	建议施工气温 10℃以上，充分晾胶，待胶粘剂手触不粘时，再粘接卷材

5.1.5 卷材与基层粘接不牢

采用满粘法施工时，卷材粘接完毕后，出现与基层粘接不牢的现象。

原因分析	防治措施
基层为砂浆基层时，起砂严重，导致卷材与基层粘接不良	施工前，检查基层施工质量，若起砂严重，需进行基层处理
基层为不相容的材料，导致粘接效果差	满粘工法基层应为混凝土、砂浆或钢板基层，当基层为其他材料时，应进行粘接剥离试验，以确定是否可行
气温过低，胶粘剂粘接效果变差	胶粘剂施工气温应不低于 5°C，应避免冬期施工
胶粘剂用量不足、涂布不均匀	每平方米胶粘剂用量应为 0.4 ～ 0.6kg，并涂布均匀

5.1.6 卷材紧固件歪斜、紧贴卷材边缘

卷材采用机械固定工法时，套筒或垫片固定歪斜，不在一条直线上，套筒或垫片紧贴卷材边缘。

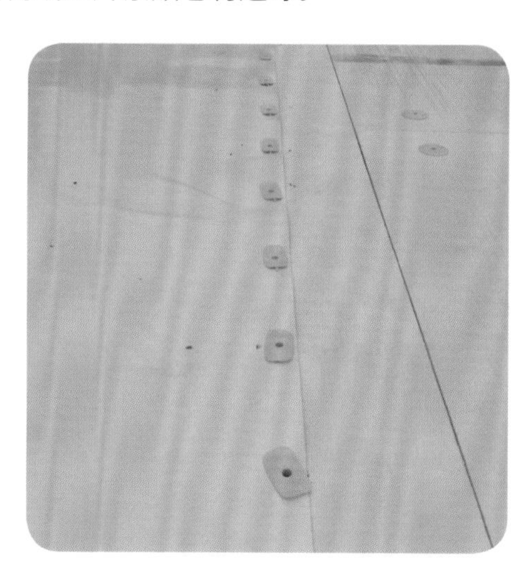

原因分析	防治措施
在施工紧固件时，未按照规范标准进行施工，导致紧固件紧贴卷材边缘。套筒或垫片未摆正即进行紧固作业，导致紧固件歪斜	应严格按照规范标准固定套筒和垫片，套筒和垫片边缘应距离卷材边缘应≥10mm。紧固螺钉前应将套筒或垫片摆正 ≥10mm 紧固件正确做法

5.1.7 无穿孔垫片紧固过度

在岩棉保温板上固定无穿孔垫片时，由于螺钉紧固过度导致无穿孔垫片凹陷。

原因分析	防治措施
在施工紧固件时，螺钉紧固过度导致无穿孔垫片陷入岩棉内部，易导致卷材与垫片电感焊接质量不良	使用电动螺丝刀紧固螺钉时，控制紧固力度，使垫片下表面略微陷入岩棉，上表面焊接面凸出岩棉 无穿孔垫片正确做法

5.2 成品保护

1 在压型钢板上使用拖车运输材料时，为防止对钢板造成破坏，应在钢板表面铺设木垫板。

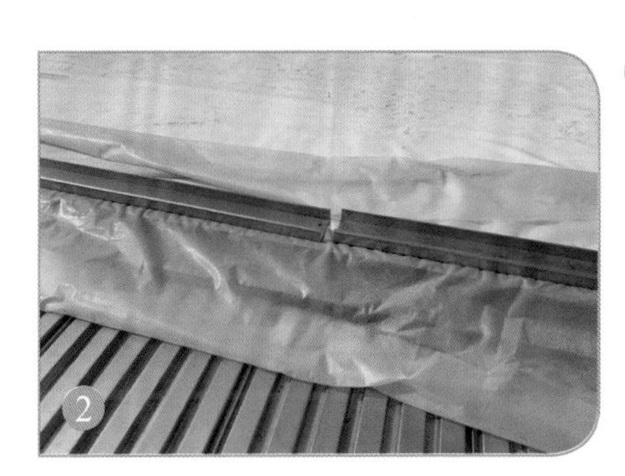

2 当日施工完毕或下雨前，应对未施工完毕的卷材断面部位进行覆盖。屋面排水方向的上部断面应将底部隔汽膜上翻盖住断面位置，并采取措施压住隔汽膜。

3 隔汽膜包住岩棉

压住卷材

3 屋面排水方向的下部断面应先将隔汽膜上翻，包裹住岩棉保温层，然后将卷材盖住断面位置，并采取措施压住卷材。

④ 屋面杂乱　钉子破坏

④ 施工完毕的 TPO 屋面应及时清理垃圾，保持干净、整洁，严禁无保护措施将带钉或锐角的物体直接放置于 TPO 屋面上。

⑤ 焊渣烫伤卷材　屋面垫防火毛毡

⑤ 钢结构焊接时，应在焊接部位的下方垫防火毛毡，防止焊渣烫伤卷材。

6.1 新建项目案例

6.1.1 机械固定工法

项目名称：奇瑞捷豹路虎汽车有限公司年产 13 万辆乘用车合资项目发动机车间、焊接车间屋面防水保温工程

项目地点：常熟市

施工面积：200000m^2

项目特点：屋面有较多光伏面板支座，节点较多，工期紧张

项目名称：大众汽车自动变速器天津有限公司 DL382 项目生产车间防水保温工程

项目地点：天津市

施工面积：75000m^2

项目名称：合肥海纳年产 10 万辆新能源汽车生产车间防水保温工程

项目地点：合肥市

施工面积：200000m^2

项目名称：沈阳华晨宝马汽车有限公司新工厂防水保温工程

项目地点：沈阳市

施工面积：600000m^2

项目名称：东风汽车有限公司大连工厂乘用车 24 万辆产能建设项目生产车间防水保温工程

项目地点：大连市

施工面积：17000m^2

项目名称：西安飞机工业（集团）有限责任公司 618 号部装厂房防水保温工程

项目地点：西安市

施工面积：27400m²

项目名称：中国飞机强度研究所 C919 大型客机项目防水保温工程

项目地点：上海市

施工面积：120000m²

6.1.2 无穿孔机械固定工法

项目名称：卧牛山 EPS 车间及库房屋面防水保温工程

项目地点：徐州市

施工面积：11000m^2

所获奖项：中国建筑防水工程“金禹奖”

6.1.3 满粘工法

项目名称：安徽中烟芜湖卷烟厂“都宝”线项目制丝工房及综合库防水保温工程

项目地点：芜湖市

施工面积：38000m^2

项目特点：水泥发泡板满粘施工，板缝处理较为复杂

项目名称：一重集团大连石化装备有限公司联合厂房围护系统项目屋面防水工程

项目地点：大连市

施工面积：75000m^2

6.2 维修项目

6.2.1 金属屋面满粘维修

项目名称：长春一汽国际物流有限公司 DC 库房屋面防水改造工程

项目地点：长春市

施工面积：27000m^2

项目特点：屋面伸缩缝较多，节点处理难度大

星牌优时吉项目维修前

星牌优时吉项目维修后

项目名称：星牌优时吉建筑材料有限公司年产 2500 万 m^2 矿棉吸声板项目联合车间屋面防水维修工程

项目地点：北京市

施工面积：20000m^2

6.2.2 无穿孔机械固定维修

项目名称：格力电器（石家庄）有限公司成品车间屋面维修项目

项目地点：石家庄市

施工面积：23000m^2

项目特点：需要修复屋面防水和保温系统

参考文献

[1] 中国人民共和国住房和城乡建设部，国家质量监督检验检疫总局．屋面工程技术规范：GB 50345—2012［S］．北京：中国建筑工业出版社，2012:10.

[2] 中国人民共和国住房和城乡建设部．坡屋面工程技术规范：GB 50693—2011［S］．北京：中国计划出版社，2012:5.

[3] 中国人民共和国住房和城乡建设部．单层防水卷材屋面工程技术规程：JGJ/T 316—2013［S］．北京：中国建筑工业出版社，2014:6.

[4] 中国人民共和国住房和城乡建设部．屋面工程质量验收规范：GB 50207—2012［S］．北京：中国建筑工业出版社，2012:10.

[5] 国家质量监督检验检疫总局，中国国家标准化管理委员会．热塑性聚烯烃（TPO）防水卷材：GB 27789—2011［S］．北京：中国标准出版社，2012:11.

[6] 国家质量监督检验检疫总局，中国国家标准化管理委员会．建筑用岩棉绝热制品：GB/T 19686—2015［S］．北京：中国标准出版社，2016:11.

[7] 中国建筑标准设计研究院．国家建筑标准设计图集 单层防水卷材屋面建筑构造（一）金属屋面：15J207-1［M］．北京：中国计划出版社，2016.